6 일 만에 끝내는

미분방정식

김경률 지음

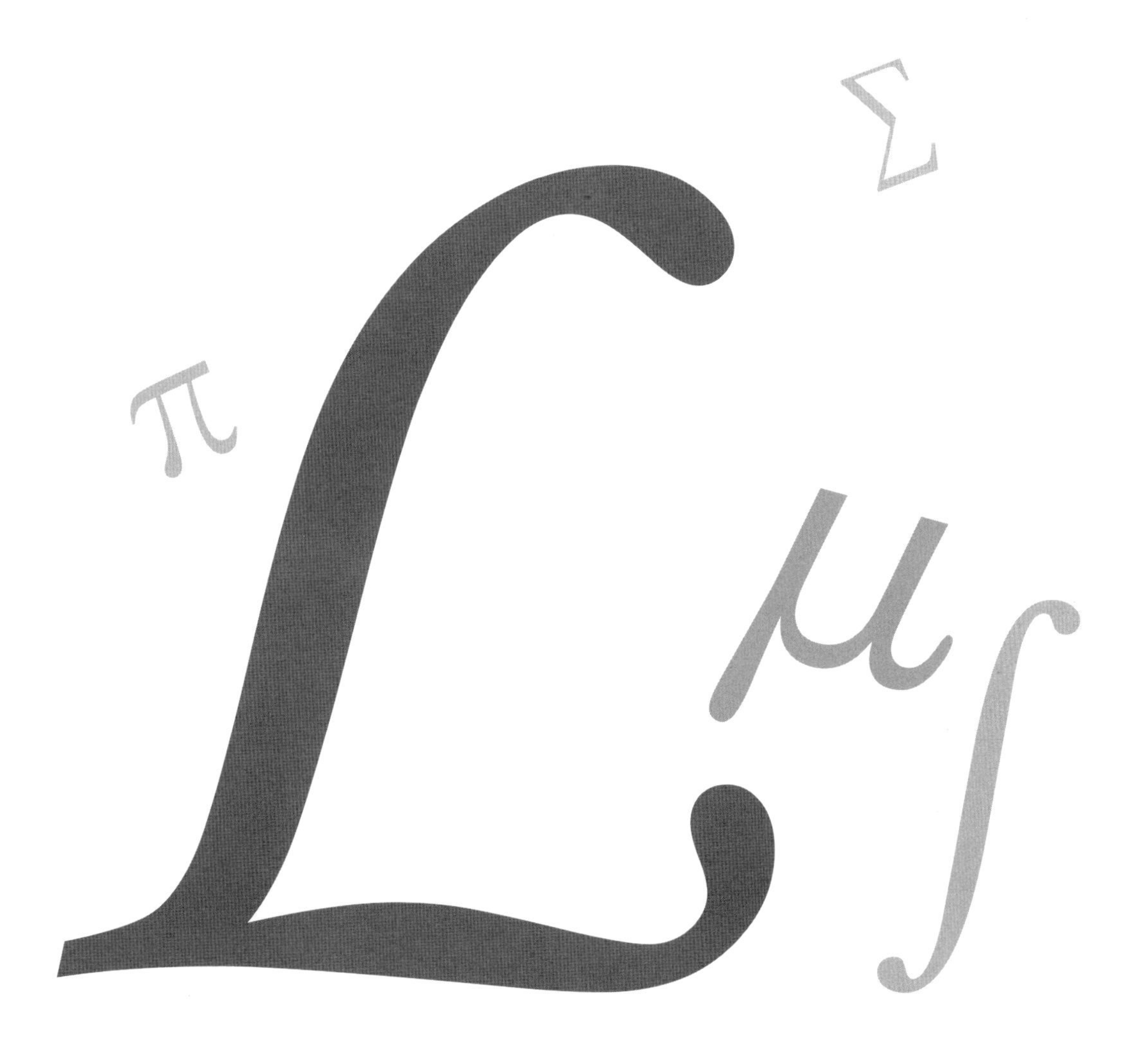

도서출판 계승

머리말

아마도 미분방정식은 선형대수와 더불어 가장 널리 응용되는 수학일 것이다. 그만큼 미분방정식 교재는 범람한다는 말이 어울릴 정도로 많고, 지금 이 순간에도 쏟아져 나오고 있을 것이다. 시중의 미분방정식 교재는 정말 다양하다. 원리를 심도 있게 설명한 교재, 컴퓨터 소프트웨어를 활용한 교재, 다채롭고 화려한 그림이 많은 교재, 역사적인 배경을 소개한 교재……. 미분방정식 교재의 홍수 속에서 구태여 한 권의 책을 보태야 할 이유를 자문하지 않을 수 없었다.

미분방정식은 '방정식'이고, 따라서 미분방정식을 공부하는 가장 큰 목적은 미분방정식을 '푸는' 것이다. 원리에 대한 심도 있는 설명, 컴퓨터 소프트웨어의 활용, 다채롭고 화려한 그림, 역사적인 배경…… 다 좋지만 이러한 부차적인 내용은 미분방정식에 깊은 관심이 있는 극소수를 제외한 모두를 질리게만 할 뿐이다. 아니, 이러한 내용으로 가득 찬 두꺼운 교재에 압도당해 아예 교재를 펼칠 엄두조차 내지 못할 것이다. 미분방정식을 어렵게 느끼는 것은 결코 이와 무관하지 않을 것이다.

그러나 미분방정식은 그렇게 어려운 과목이 아니다. 고등학교 미적분과 행렬 정도만 알면 공부할 수 있는 미분방정식을 어렵게 느낀다는 것은 안타까운 일이다. 이 책은 누구나 쉽고 빠르게 미분방정식을 공부할 수 있도록 도움을 주기 위하여 만들어졌다. 그래서 이 책의 제목도 '6일 만에 끝내는 미분방정식'이다. 이 책은 미분방정식을 쉽고 빠르게 공부하는 데 걸림돌이 되는 모든 요소를 철저히 배격한다. 이 책은 거두절미하고 해법부터 설명한다. 그래서 이 책은 100쪽도 넘지 않는다. 이를 3, 400쪽이 훌쩍 넘는 값비싼 외국 교재로 공부한다고 생각하면 그야말로 통탄할 일이다.

아울러 스스로 공부함에 어려움이 없도록 구성과 편집에도 심혈을 기울였다. 해법은 상자로 둘러싸서 눈에 잘 들어오게 하였고, 예제는 단계별로 나누어 차근차근 풀이를 하였다. 또, 예제에 딸린 확인 문제와 각 절의 마지막 부분에 딸린 연습문제로 비슷한 문제를 원없이 풀어 숙달할 수 있도록 하였다. 그런 만큼 이 책의 모든 문제를 풀 필요는 없다. 자신이 충분히 숙달되었다고 생각될 때까지만 풀면 그것으로 족하다. 모든 문제에는 정답을 달아 자신의 계산이 옳았는지 점검해 볼 수 있게 하였다.

요컨대 이 책은 그 어떤 교재보다도 미분방정식을 쉽고 빠르게 공부할 수 있는 책이다. 빠른 시일 내에 미분방정식을 공부해야 하는 사람에게 이보다 더 맞는 책은 지구상에 존재하지 않는다고 믿어 의심치 않는다. 또, 미분방정식을 처음 공부하는 사람뿐 아니라 한 번 공부한 사람에게도 해법을 참고하는 용도로 손색이 없을 것이다. 이 책으로 공부하는 모든 이들이 미분방정식의 달인이 되기를 바라 마지않는다.

2019년 2월

김경률

차 례

CHAPTER

1

일계 미분방정식

1.1. 일계 선형미분방정식

1.2. 변수분리형 미분방정식

1.3. 완전 미분방정식

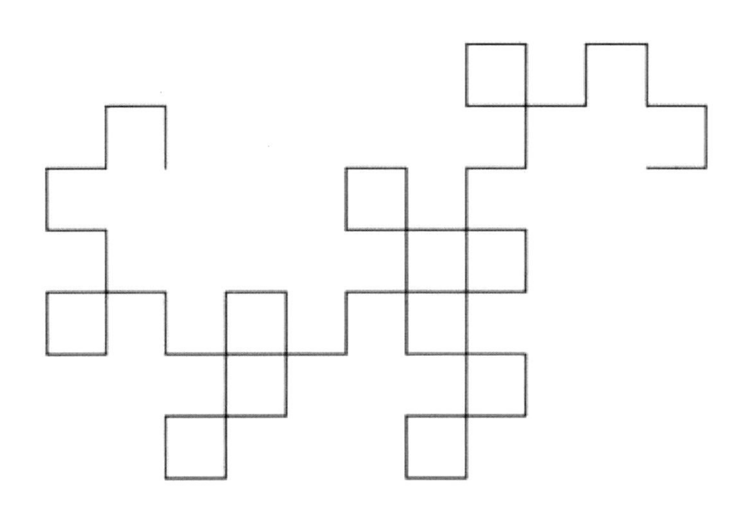

1.1. 일계 선형미분방정식

$$y' + p(t)y = g(t)$$

꼴의 미분방정식을 **일계 선형미분방정식**이라 한다. 일계 선형미분방정식의 해법은 다음과 같다.

일계 선형미분방정식의 해법

$$y' + p(t)y = g(t)$$

1단계 $\mu(t) = e^{\int p(t)dt}$ 를 구한다.

2단계 $\mu(t)g(t)$ 를 적분한다.

3단계 $\mu(t)$ 로 나눈다.

조언 1 일계 선형미분방정식은 해법을 적용할 수 있는 꼴을 기억해야 한다. 다음에 특히 주의한다.

1. y' 의 계수는 1 이어야 한다.
2. $p(t)$ 는 좌변에 있어야 한다.

또, 주어진 미분방정식이 해법을 적용할 수 있는 꼴이 아니라면, 해법을 적용할 수 있는 꼴로 변형한 다음 풀어야 한다.

조언 2 1단계에서 $p(t)$ 를 적분할 때 생기는 적분상수는 **무시한다**. 즉, 원래대로라면

$$\int p(t)dt = \cdots + c$$

이겠지만, 적분상수 c 없이 그 다음 단계의 계산을 진행하라는 말이다.

조언 3 일계 선형미분방정식의 해법을 한 줄로 줄이면

$$y = \frac{1}{\mu(t)} \int \mu(t)g(t)dt, \qquad \mu(t) = e^{\int p(t)dt}$$

와 같다. 위 식을 일계 선형미분방정식의 해법으로 외워도 좋다. 다만, 복잡한 식보다는 푸는 절차를 기억하는 것이 보다 쉽다는 생각에서 세 단계로 구성된 해법을 제시하였다.

예제 1. 미분방정식

$$y' = -\frac{1}{2}y + \frac{1}{2}e^{t/3}$$

를 풀어라.

0단계 해법을 적용할 수 있도록 $y' + \frac{1}{2}y = \frac{1}{2}e^{t/3}$ 로 변형한다.

1단계 $p(t) = \frac{1}{2}$ 이므로

$$\mu(t) = e^{\int (1/2)dt} = e^{t/2} \text{ (적분상수는 무시한다)}$$

2단계 $g(t) = \frac{1}{2}e^{t/3}$ 이므로

$$\int \mu(t)g(t)dt = \int e^{t/2} \cdot \frac{1}{2}e^{t/3}dt = \frac{3}{5}e^{5t/6} + c$$

3단계 $\mu(t)$ 로 나누면

$$y = \frac{1}{\mu(t)} \int \mu(t)g(t)dt = \frac{3}{5}e^{t/3} + ce^{-t/2}$$

♣ 확인 문제

다음 미분방정식을 풀어라.

1. $y' = 5y$
2. $y' + y = e^{3t}$
3. $ty' + y = e^t, \quad y(1) = 2$
4. $(t+1)y' + y = \ln t, \quad y(1) = 10$

1.1 연습문제

다음 미분방정식을 풀어라.

1. $y' + 4y = t + e^{-2t}$

2. $y' - 4y = t^2 e^{4t}$

3. $y' + y = te^{-t} + 2$

4. $y' + \frac{y}{t} = 2\sin 2t \ (t > 0)$

5. $y' - 3y = 4e^t$

6. $ty' - y = t^2 e^{-2t} \ (t > 0)$

7. $y' + y = 4\sin 3t$

8. $2y' + y = 4t^2$

다음 초기값 문제를 풀어라.

9. $y' - y = 4te^{2t}, \quad y(0) = 1$

10. $y' + 3y = te^{-3t}, \quad y(1) = 0$

11. $y' + \frac{3}{t}y = \frac{\cos t}{t^3} \ (t > 0), \quad y(\pi) = 0$

12. $ty' + 2y = 2\sin t \ (t > 0), \quad y\left(\frac{\pi}{2}\right) = 1$

13. $ty' + 2y = t^2 - t + 1 \ (t > 0), \quad y(1) = 2$

14. $y' - 2y = 2\cos t, \quad y(0) = a$

15. $2y' - y = e^{t/4}, \quad y(0) = a$

16. $ty' + (t+1)y = 4te^{-t} \ (t > 0), \quad y(1) = a$

17. $(\sin t)y' + (\cos t)y = 2e^t \ (0 < t < \pi), \quad y(1) = a$

18. $ty' + 2y = \frac{\sin t}{t} \ (t < 0), \quad y\left(-\frac{\pi}{2}\right) = a$

1.2. 변수분리형 미분방정식

$$N(y)y' = M(x)$$

꼴의 미분방정식을 **변수분리형 미분방정식**이라 한다. 변수분리형 미분방정식의 해법은 다음과 같다.

변수분리형 미분방정식의 해법

$$N(y)y' = M(x)$$

1단계 $N(y)y' = M(x)$의 양변을 적분한다.

2단계 y에 관하여 나타낼 수 있으면 나타낸다.

예제 1. 미분방정식 $y' = \dfrac{x^2}{1-y^2}$을 풀어라.

0단계 해법을 적용할 수 있도록 $(1-y^2)y' = x^2$으로 변형한다.

1단계 양변을 각각 적분하면

$$\int (1-y^2)y'dx = \int (1-y^2)dy = y - \frac{y^3}{3} + c_1, \qquad \int x^2 dx = \frac{x^3}{3} + c_2$$

2단계 따라서 $y - \dfrac{y^3}{3} + c_1 = \dfrac{x^3}{3} + c_2$이고, 정리하면 $x^3 - 3y + y^3 = c$

♣ 확인 문제

다음 미분방정식을 풀어라.

1. $y' = \sin 5x$
2. $1 + e^{3x}y' = 0$
3. $y' = 4(y^2+1), \quad y\left(\dfrac{\pi}{4}\right) = 1$
4. $x^2y' = y - xy, \quad y(-1) = -1$

1.2 연습문제

다음 미분방정식을 풀어라.

1. $y' = \dfrac{3x^2}{y}$
2. $y' + y^2 \cos x = 0$
3. $y' = (\cos^2 x)(\cos^2 4y)$
4. $y' = \dfrac{3x^2}{y(1+x^3)}$
5. $y' = \dfrac{3x - e^{-x}}{2y + e^y}$
6. $y' = \dfrac{x^3}{2 + y^2}$
7. $xy' = \sqrt{1 - y^2}$
8. $y' = \dfrac{3x^2 - 1}{4 + 2y}$

다음 초기값 문제를 풀어라.

9. $y' = (1 - 2x)y^2, \quad y(0) = -\dfrac{1}{12}$
10. $y' = \dfrac{1 - 2x}{y}, \quad y(1) = -1$
11. $x + 2ye^{-x}y' = 0, \quad y(0) = \dfrac{1}{2}$
12. $y' = \dfrac{y^2}{x}, \quad y(1) = 3$
13. $y' = \dfrac{x}{y + x^2 y}, \quad y(0) = -2$
14. $y' = \dfrac{2x}{1 + 2y}, \quad y(1) = 0$
15. $y' = \dfrac{3x^2 - e^x}{2y - 4}, \quad y(0) = 1$
16. $y^2\sqrt{1 - x^2}y' = \arcsin x, \quad y(0) = 1$

1.3. 완전 미분방정식

$$M(x,y)+N(x,y)y'=0$$

꼴의 미분방정식은 $M_y = N_x$ 여부에 따라 각각 **완전 미분방정식**과 **불완전 미분방정식**이라 한다. 완전 및 불완전 미분방정식의 해법은 다음과 같다.

완전 및 불완전 미분방정식의 해법

$$M(x,y)+N(x,y)y'=0$$

1단계 $M_y = N_x$ 인지 확인한다.

2단계 1. $M_y = N_x$ 일 때: $\psi_x = M$, $\psi_y = N$ 인 함수 ψ를 구한다.

2. $M_y \neq N_x$ 일 때:

$$\frac{M_y - N_x}{N}, \qquad \frac{N_x - M_y}{M}$$

가운데 변수가 하나인 함수를 $p(x)$ 또는 $p(y)$라 하고

$$\psi_x = \mu M, \qquad \psi_y = \mu N, \qquad \mu = e^{\int p(x)dx} \text{ 또는 } e^{\int p(y)dy}$$

인 함수 ψ를 구한다.

3단계 $\psi(x,y)=c$

조언 1 아래첨자 x, y는 각각 이변수함수 M, N, ψ를 x, y로 편미분했다는 뜻이다.

조언 2 μ를 구하려면, M_y와 N_x를 서로 빼 보고 N이나 M으로 나누어 보아야 한다. 여기에서 M으로 나누는지, N으로 나누는지 헷갈리기 쉽다. 이럴 때에는 **분모는 마지막 함수를 따라간다**는 것을 기억하면 혼동을 줄일 수 있다. 즉, $M_y - N_x$는 N으로 끝나므로 N으로 나누고, $N_x - M_y$는 M으로 끝나므로 M으로 나눈다.

조언 3 ψ를 구할 때에는 M을 x로 적분한 다음(이변수함수이므로 적분상수가 아니라 y의 함수 $g(y)$가 붙는다는 점에 유의하라) 그렇게 구한 ψ를 y로 미분하여 N과 같다는 조건으로부터 $g(y)$를 구하는 것이 능률적이다.

조언 4 일계 선형미분방정식에서처럼 μ나 ψ를 구하기 위하여 적분하는 과정에서 생기는 모든 적분상수는 **무시한다**.

예제 1. 미분방정식 $2x + y^2 + 2xyy' = 0$을 풀어라.

1단계 $M = 2x + y^2$, $N = 2xy$이므로 $M_y = 2y$, $N_x = 2y$

2단계 $M_y = N_x$이므로 $\psi_x = M$, $\psi_y = N$이라 하면

$$\psi = \int M dx = \int (2x + y^2) dx = x^2 + xy^2 + g(y)$$

다시 y로 미분하면

$$\psi_y = 2xy + g'(y) = N$$

으로부터 $g'(y) = 0$이므로 $g(y) = 0$이다(적분상수는 무시한다). 따라서

$$\psi = x^2 + xy^2$$

3단계 $x^2 + xy^2 = c$

♣ 확인 문제

다음 미분방정식을 풀어라.

1. $(2x - 1) + (3y + 7)y' = 0$
2. $(5x + 4y) + (4x - 8y^3)y' = 0$
3. $(x + y)^2 + (2xy + x^2 - 1)y' = 0, \quad y(1) = 1$
4. $(4y + 2x - 5) + (6y + 4x - 1)y' = 0, \quad y(-1) = 2$

예제 2. 미분방정식 $(3xy+y^2)+(x^2+xy)y'=0$을 풀어라.

1단계 $M=3xy+y^2$, $N=x^2+xy$이므로 $M_y=3x+2y$, $N_x=2x+y$

2단계 $M_y \neq N_x$ 이므로

$$\begin{aligned}\frac{M_y-N_x}{N} &= \frac{(3x+2y)-(2x+y)}{x^2+xy}=\frac{1}{x}\\ \frac{N_x-M_y}{M} &= \frac{(2x+y)-(3x+2y)}{3xy+y^2}=-\frac{x+y}{3xy+y^2}\end{aligned}$$

변수가 하나인 함수는 $p(x)=\dfrac{1}{x}$ 이므로 $\mu=e^{\int(1/x)dx}=x$ (적분상수는 무시한다)

$$\begin{aligned}\psi_x &= \mu M=x(3xy+y^2)=3x^2y+xy^2\\ \psi_y &= \mu N=x(x^2+xy)=x^3+x^2y\end{aligned}$$

라 하면

$$\psi=\int \mu M dx=\int(3x^2y+xy^2)dx=x^3y+\frac{x^2y^2}{2}+g(y)$$

다시 y로 미분하면

$$\psi_y=x^3+x^2y+g'(y)=\mu N$$

으로부터 $g'(y)=0$이므로 $g(y)=0$이다(적분상수는 무시한다). 따라서 $\psi=x^3y+\dfrac{x^2y^2}{2}$

3단계 $x^3y+\dfrac{x^2y^2}{2}=c$

♣ 확인 문제

다음 미분방정식을 풀어라.

1. $(2y^2+3x)+2xyy'=0$
2. $6xy+(4y+9x^2)y'=0$
3. $(10-6y+e^{-3x})-2y'=0$
4. $x+(x^2y+4y)y'=0, \quad y(4)=0$

1.3 연습문제

다음 미분방정식을 풀어라.

1. $(4x+3)+(6y-1)y'=0$
2. $(6x^2-2xy+4)+(6y^2-x^2+2)y'=0$
3. $y'=-\dfrac{ax+by}{bx+cy}$
4. $(e^x\sin y-3y\sin x)+(e^x\cos y+3\cos x)y'=0$
5. $\left(\dfrac{y}{x}+4x\right)+(\ln x-3)y'=0$
6. $(xy^2+6x^2y)+(2x+y)x^2y'=0$
7. $(ye^{2xy}+3x)+xe^{2xy}y'=0$
8. $2x+\dfrac{(1+y^2)}{y^3}y'=0$
9. $(e^x\sin y-3y\sin x)+(e^x\cos y+3\cos x)y'=0$
10. $y^2+(2xy-3y^2e^y)y'=0$
11. $\left(\dfrac{4x^3}{y^2}+\dfrac{3}{y}\right)+\left(\dfrac{3x}{y^2}+2y\right)y'=0$
12. $y'=e^{3x}+y-1$
13. $1+\left(\dfrac{x}{y}-\cos y\right)y'=0$
14. $e^x+(e^x\cot y+2y\csc y)y'=0$

다음 초기값 문제를 풀어라.

15. $(2x-y)+(2y-x)y'=0, \quad y(1)=4$
16. $(9x^2+y-1)-(4y-x)y'=0, \quad y(1)=1$

CHAPTER

2

이계 미분방정식

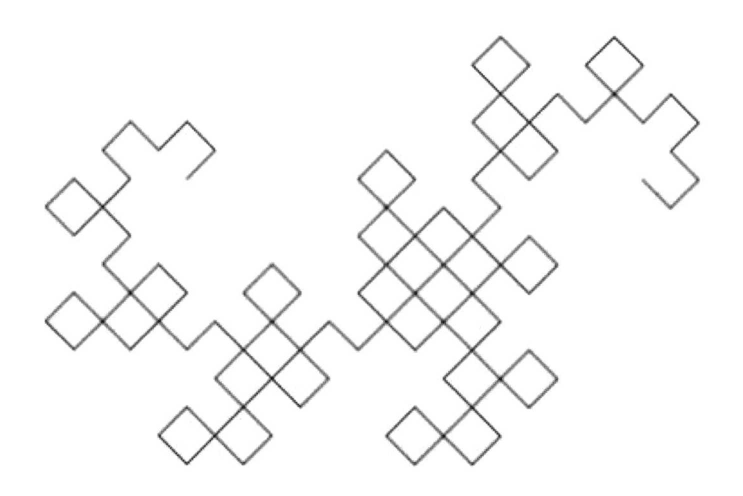

2.1. 상수계수 이계선형동차방정식

$$ay'' + by' + cy = 0$$

꼴의 미분방정식을 **상수계수 이계선형동차방정식**이라 한다. 상수계수 이계선형동차방정식의 해법은 다음과 같다.

상수계수 이계선형동차방정식의 해법

$$ay'' + by' + cy = 0$$

1단계 $ar^2 + br + c = 0$을 푼다.

2단계 $ar^2 + br + c = 0$이

1. 서로 다른 두 실근 r_1, r_2를 가질 때: $y = c_1e^{r_1t} + c_2e^{r_2t}$
2. 중근 r_1을 가질 때: $y = c_1e^{r_1t} + c_2te^{r_1t}$
3. 서로 다른 두 허근 $\alpha \pm \beta i$를 가질 때: $y = c_1e^{\alpha t}\cos\beta t + c_2e^{\alpha t}\sin\beta t$

예제 1. 미분방정식 $y'' + 5y' + 6y = 0$을 풀어라.

1단계 $r^2 + 5r + 6 = 0$을 풀면 $r = -2, -3$

2단계 서로 다른 두 실근을 가지므로

$$y = c_1e^{-2t} + c_2e^{-3t}$$

예제 2. 미분방정식 $y'' - y' + \dfrac{y}{4} = 0$을 풀어라.

1단계 $r^2 - r + \dfrac{1}{4} = 0$을 풀면 $r = \dfrac{1}{2}$

2단계 중근을 가지므로

$$y = c_1e^{t/2} + c_2te^{t/2}$$

예제 3. 미분방정식 $16y'' - 8y' + 145y = 0$, $y(0) = -2$, $y'(0) = 1$을 풀어라.

[1단계] $16r^2 - 8r + 145 = 0$을 풀면 $r = \frac{1}{4} \pm 3i$

[2단계] 서로 다른 두 허근을 가지므로

$$y = c_1 e^{t/4} \cos 3t + c_2 e^{t/4} \sin 3t$$

[3단계] $y(0) = -2$, $y'(0) = 1$이므로

$$y = c_1 e^{t/4} \cos 3t + c_2 e^{t/4} \sin 3t$$

에 $t = 0$을 대입하면 $c_1 = -2$

$$y' = \left(\frac{c_1}{4} + 3c_2\right) e^{t/4} \cos 3t + \left(-3c_1 + \frac{c_2}{4}\right) e^{-t/4} \sin 3t$$

에 $t = 0$을 대입하면 $\frac{c_1}{4} + 3c_2 = 1$을 얻는다. 이를 풀면 $c_1 = -2$, $c_2 = \frac{1}{2}$이므로

$$y = -2e^{t/4} \cos 3t + \frac{1}{2} e^{t/4} \sin 3t$$

♣ 확인 문제

다음 미분방정식을 풀어라.

1. $4y'' + y' = 0$
2. $y'' - y' - 6y = 0$
3. $y'' + 8y' + 16y = 0$
4. $y'' + 9y = 0$
5. $y'' - 4y' - 5y = 0, \quad y(1) = 0, \quad y'(1) = 2$
6. $y'' + y' + 2y = 0, \quad y(0) = 0, \quad y'(0) = 0$

2.1 연습문제

다음 미분방정식을 풀어라.

1. $y'' + 3y' - 4y = 0$
2. $y'' + 5y' + 6y = 0$
3. $12y'' - y' - y = 0$
4. $y'' + 2y' + y = 0$
5. $9y'' + 12y' + 4y = 0$
6. $y'' - 10y' + 25y = 0$
7. $y'' - 4y' + 5y = 0$
8. $y'' - 2y' + 8y = 0$
9. $y'' + 4y' + 5y = 0$

다음 초기값 문제를 풀어라.

10. $y'' + 2y' - 3y = 0, \qquad y(0) = 1, \quad y'(0) = 1$
11. $y'' + 4y' + 3y = 0, \qquad y(0) = 3, \quad y'(0) = -1$
12. $y'' + 3y' = 0, \qquad y(0) = 0, \quad y'(0) = 3$
13. $9y'' - 12y' + 4y = 0 \qquad y(0) = 2, \quad y'(0) = -2$
14. $y'' - 6y' + 9y = 0, \qquad y(0) = 0, \quad y'(0) = 3$
15. $y'' + 4y' + 4y = 0, \qquad y(-1) = 2, \quad y'(-1) = 3$
16. $y'' + 4y = 0, \qquad y(0) = 1, \quad y'(0) = 0$
17. $y'' - 2y' + 5y = 0, \qquad y\left(\frac{\pi}{2}\right) = 0, \quad y'\left(\frac{\pi}{2}\right) = 4$
18. $y'' + y = 0, \qquad y\left(\frac{\pi}{3}\right) = 2, \quad y'\left(\frac{\pi}{3}\right) = -2$

2.2. 미정계수법

$$ay'' + by' + cy = g(t)$$

꼴의 미분방정식을 **상수계수 이계선형비동차방정식**이라 한다. 상수계수 이계선형비동차방정식의 해법에는 미정계수법과 매개변수 변화법이 있는데, 미정계수법은 $g(t)$가 다항함수, 지수함수, 사인함수, 코사인함수 그리고 이들의 합과 곱으로 이루어졌을 때 쓴다.

미정계수법

$$ay'' + by' + cy = g(t)$$

1단계 $ay'' + by' + cy = 0$을 풀어 그 해를 y_h라 한다.

2단계 $g(t)$의 꼴에 따라 y_p를 미정계수를 포함한 적당한 꼴의 식으로 놓는다.

3단계 y에 y_p를 대입한 식과 $g(t)$의 계수를 비교하여 미정계수에 대한 방정식을 얻고, 이를 풀어 미정계수를 구한다.

4단계 $y = y_h + y_p$

함수 $g(t)$의 꼴에 따라 놓아야 하는 y_p의 꼴은 다음 표와 같다.

$g(t)$	y_p
4	A
$5t+7$	$At+B$
$3t^2-2$	At^2+Bt+C
e^{5t}	Ae^{5t}
$\sin 4t,\ \cos 4t$	$A\sin 4t + B\cos 4t$
$(9t-2)e^{5t}$	$(At+B)e^{5t}$
t^2e^{5t}	$(At^2+Bt+C)e^{5t}$
$5t^2\sin 4t,\ 5t^2\cos 4t$	$(At^2+Bt+C)\cos 4t + (Dt^2+Et+F)\sin 4t$
$e^{3t}\sin 4t,\ e^{3t}\cos 4t$	$Ae^{3t}\sin 4t + Be^{3t}\cos 4t$
$te^{3t}\sin 4t,\ te^{3t}\cos 4t$	$(At+B)e^{3t}\cos 4t + (Ct+D)e^{3t}\sin 4t$

그런데 예제 4처럼 $g(t)$의 꼴에 따라 놓은 y_p가 공교롭게도 y_h의 일종이 되는 때가 있다. 이럴 때에는 원래의 y_p 앞에 t를 곱한 ty_p를 사용한다. 만약 ty_p도 y_h의 일종이라면 t^2y_p, t^3y_p, $\cdots$ 가운데 y_h의 일종이 아닌 것을 사용한다.

예제 1. 미분방정식 $y'' - 3y' - 4y = 3e^{2t}$를 풀어라.

1단계 $r^2 - 3r - 4 = 0$을 풀면 $r = -1,\ 4$이므로 $y_h = c_1e^{-t} + c_2e^{4t}$

2단계 $g(t) = 3e^{2t}$이므로 $y_p = Ae^{2t}$로 놓고 y에 대입하면

$$y_p'' - 3y_p' - 4y_p = 4Ae^{2t} - 6Ae^{2t} - 4Ae^{2t} = -6Ae^{2t}$$

$g(t)$와 계수를 비교하면 $-6A = 3$이므로 $A = -\frac{1}{2}$

3단계 $y = y_h + y_p = c_1e^{-t} + c_2e^{4t} - \frac{1}{2}e^{2t}$

예제 2. 미분방정식 $y'' - 3y' - 4y = 2\sin t$를 풀어라.

1단계 $r^2 - 3r - 4 = 0$을 풀면 $r = -1,\ 4$이므로 $y_h = c_1e^{-t} + c_2e^{4t}$

2단계 $g(t) = 2\sin t$이므로 $y_p = A\cos t + B\sin t$로 놓으면

$$\begin{aligned} y_p' &= -A\sin t + B\cos t \\ y_p'' &= -A\cos t - B\sin t \end{aligned}$$

이므로 y_p를 y에 대입하면

$$\begin{aligned} & y_p'' - 3y_p' - 4y_p \\ =\ & (-A\cos t - B\sin t) - 3(-A\sin t + B\cos t) - 4(A\cos t + B\sin t) \\ =\ & (-5A - 3B)\cos t + (3A - 5B)\sin t \end{aligned}$$

$g(t)$와 계수를 비교하면 $-5A - 3B = 0,\ 3A - 5B = 2$이므로 $A = \frac{3}{17},\ B = -\frac{5}{17}$

3단계 $y = y_h + y_p = c_1e^{-t} + c_2e^{4t} + \frac{3}{17}\cos t - \frac{5}{17}\sin t$

예제 3. 미분방정식 $y'' - 3y' - 4y = -8e^t \cos 2t$를 풀어라.

1단계 $r^2 - 3r - 4 = 0$을 풀면 $r = -1,\ 4$이므로 $y_h = c_1 e^{-t} + c_2 e^{4t}$

2단계 $g(t) = -8e^t \cos 2t$이므로 $y_p = Ae^t \cos 2t + Be^t \sin 2t$로 놓으면

$$\begin{aligned} {y_p}' &= (Ae^t \cos 2t - 2Ae^t \sin 2t) + (Be^t \sin 2t + 2Be^t \cos 2t) \\ &= (A + 2B)e^t \cos 2t + (B - 2A)e^t \sin 2t \\ {y_p}'' &= (A + 2B)e^t \cos 2t - 2(A + 2B)e^t \sin 2t \\ &\quad + (B - 2A)e^t \sin 2t + 2(B - 2A)e^t \cos 2t \\ &= (-3A + 4B)e^t \cos 2t + (-4A - 3B)e^t \sin 2t \end{aligned}$$

이므로 y_p를 y에 대입하면

$$\begin{aligned} {y_p}'' - 3{y_p}' - 4y_p &= (-3A + 4B)e^t \cos 2t + (-4A - 3B)e^t \sin 2t \\ &\quad - 3((A + 2B)e^t \cos 2t + (B - 2A)e^t \sin 2t) \\ &\quad - 4(Ae^t \cos 2t + Be^t \sin 2t) \\ &= (-10A - 2B)e^t \cos 2t + (2A - 10B)e^t \sin 2t \end{aligned}$$

$g(t)$와 계수를 비교하면 $-10A - 2B = -8,\ 2A - 10B = 0$이므로 $A = \dfrac{10}{13},\ B = \dfrac{2}{13}$

3단계 $y = y_h + y_p = c_1 e^{-t} + c_2 e^{4t} + \dfrac{10}{13} e^t \cos 2t + \dfrac{2}{13} e^t \sin 2t$

♣ 확인 문제

다음 미분방정식을 풀어라.

1. $y'' + 3y' + 2y = 6$
2. $y'' - 10y' + 25y = 30t + 3$
3. $y'' + 4y = -2, \qquad y\left(\dfrac{\pi}{8}\right) = \dfrac{1}{2}, \quad y'\left(\dfrac{\pi}{8}\right) = 2$
4. $5y'' + y' = -6t, \qquad y(0) = 0, \quad y'(0) = -10$

예제 4. 미분방정식 $y'' - 3y' - 4y = 2e^{-t}$를 풀어라.

1단계 $r^2 - 3r - 4 = 0$을 풀면 $r = -1, 4$이므로 $y_h = c_1e^{-t} + c_2e^{4t}$

2단계 $g(t) = 2e^{-t}$이므로 $y_p = Ae^{-t}$로 놓으면 이는 y_h에서 $c_1 = A$, $c_2 = 0$인 경우로 y_p가 y_h의 일종이다. 따라서 Ae^{-t}에 t를 곱하여 $y_p = Ate^{-t}$로 놓으면

$$\begin{aligned} {y_p}' &= Ae^{-t} - Ate^{-t} \\ {y_p}'' &= -2Ae^{-t} + Ate^{-t} \end{aligned}$$

이므로 y_p를 y에 대입하면

$${y_p}'' - 3{y_p}' - 4y_p = (-2Ae^{-t} + Ate^{-t}) - 3(Ae^{-t} - Ate^{-t}) - 4Ate^{-t} = -5Ae^{-t}$$

$g(t)$와 계수를 비교하면 $-5A = 2$이므로 $A = -\dfrac{2}{5}$

3단계 $y = y_h + y_p = c_1e^{-t} + c_2e^{4t} - \dfrac{2}{5}te^{-t}$

♣ 확인 문제

다음 미분방정식을 풀어라.

1. $y'' + 4y = 3\sin 2t$

2. $y'' + y = 2t\sin t$

3. $y'' - 2y' + 5y = e^t\cos 2t$

예제 5. 미분방정식 $y'' - 3y' - 4y = 3e^{2t} + 2\sin t - 8e^t \cos 2t$를 풀어라.

1단계 $r^2 - 3r - 4 = 0$을 풀면 $r = -1,\ 4$이므로 $y_h = c_1e^{-t} + c_2e^{4t}$

2단계 $g(t)$가 미정계수법을 쓸 수 있는 여러 함수의 합으로 되어 있으므로

$$y'' - 3y' - 4y = 3e^{2t}, \qquad y'' - 3y' - 4y = 2\sin t, \qquad y'' - 3y' - 4y = -8e^t \cos 2t$$

를 만족하는 y_p를 따로따로 구해 더한다. 예제 1, 2, 3에서 그것들이 각각

$$-\frac{1}{2}e^{2t}, \qquad \frac{3}{17}\cos t - \frac{5}{17}\sin t, \qquad \frac{10}{13}e^t \cos 2t + \frac{2}{13}e^t \sin 2t$$

임을 알고 있으므로

$$y_p = -\frac{1}{2}e^{2t} + \frac{3}{17}\cos t - \frac{5}{17}\sin t + \frac{10}{13}e^t \cos 2t + \frac{2}{13}e^t \sin 2t$$

3단계

$$y = y_h + y_p = c_1e^{-t} + c_2e^{4t} - \frac{1}{2}e^{2t} + \frac{3}{17}\cos t - \frac{5}{17}\sin t + \frac{10}{13}e^t \cos 2t + \frac{2}{13}e^t \sin 2t$$

♣ 확인 문제

다음 미분방정식을 풀어라.

1. $y'' - y' + \dfrac{1}{4}y = 3 + e^{t/2}$
2. $y'' + 2y' + y = \sin t + 3\cos 2t$
3. $y'' - 2y' - 3y = 4e^t - 9$
4. $y'' - y = t^2e^t + 5$

2.2 연습문제

다음 미분방정식을 풀어라.

1. $y'' - 2y' - 3y = 6e^{2t}$
2. $y'' - y' - 2y = -3 + 4t^2$
3. $y'' + y' - 6y = 18e^{3t} + 12e^{-2t}$
4. $y'' - 2y' - 3y = -6te^{-t}$
5. $y'' + 2y' = 5 + 4\sin 2t$
6. $y'' + 2y' + y = 4e^{-t}$
7. $y'' + y = 4\sin 2t + t\cos 2t$
8. $y'' + {\omega_0}^2 y = \cos\omega_0 t$
9. $y'' + {\omega_0}^2 y = \cos\omega t \ (\omega^2 \neq {\omega_0}^2)$
10. $y'' - y' - 2y = 3\cosh 2t$

다음 초기값 문제를 풀어라.

11. $y'' + y' - 2y = 2t, \quad y(0) = 0, \quad y'(0) = 2$
12. $y'' + 4y = t^2 + 3e^t, \quad y(0) = 0, \quad y'(0) = 1$
13. $y'' - 2y' + y = te^t + 4, \quad y(0) = 2, \quad y'(0) = 1$
14. $y'' + 4y = 3\sin 2t, \quad y(0) = 0, \quad y'(0) = -1$
15. $y'' + 2y' + 5y = 4e^{-t}\cos 2t, \quad y(0) = 0, \quad y'(0) = 0$

2.3. 매개변수 변화법

$$ay'' + by' + cy = g(t)$$

꼴의 미분방정식을 **상수계수 이계선형비동차방정식**이라 한다. 상수계수 이계선형비동차방정식의 해법에는 미정계수법과 매개변수 변화법이 있는데, 매개변수 변화법은 $g(t)$가 미정계수법을 적용할 수 없는 꼴일 때 쓴다.

매개변수 변화법

$$y'' + ay' + by = g(t)$$

1단계 $y'' + ay' + by = 0$을 풀어 y_1, y_2를 구한다. y_1, y_2는 $r^2 + ar + b = 0$의 근이 무엇인가에 따라 다음과 같다.

1. 서로 다른 두 실근 r_1, r_2를 가질 때: $y_1 = e^{r_1 t}$, $y_2 = e^{r_2 t}$
2. 중근 r_1을 가질 때: $y_1 = e^{r_1 t}$, $y_2 = te^{r_1 t}$
3. 서로 다른 두 허근 $\alpha \pm \beta i$를 가질 때: $y_1 = e^{\alpha t}\cos\beta t$, $y_2 = e^{\alpha t}\sin\beta t$

2단계 $\begin{vmatrix} y_1 & y_2 \\ y_1{}' & y_2{}' \end{vmatrix} = y_1 y_2{}' - y_2 y_1{}'$를 계산하여 $W[y_1, y_2](t)$라 놓는다.

3단계 $u_1 = \displaystyle\int \frac{-y_2(t)g(t)}{W[y_1, y_2](t)}dt$, $u_2 = \displaystyle\int \frac{y_1(t)g(t)}{W[y_1, y_2](t)}dt$를 구한다.

4단계 $y = u_1 y_1 + u_2 y_2$

조언 1 매개변수 변화법은 **y''의 계수가 1일 때에만** 적용할 수 있다. 일반적인 상수계수 이계선형비동차방정식 $ay'' + by' + cy = g(t)$를 매개변수 변화법으로 풀려면 양변을 a로 나눈 미분방정식

$$y'' + \frac{b}{a}y' + \frac{c}{a}y = \frac{g(t)}{a}$$

에 해법을 적용하여야 한다.

조언 2 원칙적으로 $g(t)$가 어떤 꼴이든 매개변수 변화법으로 해를 구할 수 있다. 다만 매개변수 변화법이 대체로 계산이 훨씬 더 복잡하므로, 미정계수법으로 풀 수 있는 문제는 가급적 미정계수법으로 푸는 것이 좋다.

예제 1. 미분방정식 $y'' + 4y = 8\tan t \left(-\frac{\pi}{2} < t < \frac{\pi}{2}\right)$를 풀어라.

1단계 $r^2 + 4 = 0$을 풀면 $r = \pm 2i$이므로 $y_1 = \cos 2t$, $y_2 = \sin 2t$

2단계

$$W[y_1, y_2](t) = \begin{vmatrix} y_1 & y_2 \\ y_1{}' & y_2{}' \end{vmatrix} = \begin{vmatrix} \cos 2t & \sin 2t \\ -2\sin 2t & 2\cos 2t \end{vmatrix} = 2\cos^2 2t + 2\sin^2 2t = 2$$

3단계

$$\begin{aligned} u_1 &= \int \frac{-y_2(t)g(t)}{W[y_1, y_2](t)} dt = \int \frac{(-\sin 2t)(8\tan t)}{2} dt = \int \frac{(-2\sin t\cos t)\left(8\frac{\sin t}{\cos t}\right)}{2} dt \\ &= \int (-8\sin^2 t) dt = \int (-8)\frac{1-\cos 2t}{2} dt = -4t + 2\sin 2t + c_1 \\ u_2 &= \int \frac{y_1(t)g(t)}{W[y_1, y_2](t)} dt = \int \frac{(\cos 2t)(8\tan t)}{2} dt = \int \frac{(2\cos^2 t - 1)\left(8\frac{\sin t}{\cos t}\right)}{2} dt \\ &= \int (8\cos t\sin t - 4\tan t) dt = -2\cos 2t + 4\ln(\cos t) + c_2 \end{aligned}$$

4단계

$$\begin{aligned} y &= u_1 y_1 + u_2 y_2 \\ &= (-4t + 2\sin 2t + c_1)\cos 2t + (-2\cos 2t + 4\ln(\cos t) + c_2)\sin 2t \end{aligned}$$

♣ 확인 문제

다음 미분방정식을 풀어라.

1. $y'' + y = \sec t \left(-\frac{\pi}{2} < t < \frac{\pi}{2}\right)$
2. $y'' + y = \sin t$
3. $4y'' - y = te^{t/2}, \quad y(0) = 1, \quad y'(0) = 0$
4. $y'' + 2y' - 8y = 2e^{-2t} - e^{-t}, \quad y(0) = 1, \quad y'(0) = 0$

2.3 연습문제

다음 미분방정식을 풀어라.

1. $y'' - 5y' + 6y = 4e^t$
2. $y'' - y' - 2y = 4e^{-t}$
3. $4y'' - 4y' + y = 8e^{t/2}$
4. $y'' + y = 2\tan t \left(0 < t < \dfrac{\pi}{2}\right)$
5. $y'' + 4y = 3\csc 2t \left(0 < t < \dfrac{\pi}{2}\right)$
6. $y'' + 4y' + 4y = \dfrac{2}{t^2 e^{2t}}$ $(t > 0)$
7. $4y'' + y = 8\sec\dfrac{t}{2}$ $(-\pi < t < \pi)$
8. $y'' + y = \cos^2 t$
9. $y'' - y = \cosh t$
10. $y'' - 4y = \dfrac{e^{2t}}{t}$ $(t > 0)$
11. $y'' + 3y' + 2y = \dfrac{1}{1 + e^t}$
12. $y'' + 3y' + 2y = \sin e^t$
13. $y'' + 2y' + y = e^{-t}\ln t$
14. $3y'' - 6y' + 6y = e^t \sec t \left(-\dfrac{\pi}{2} < t < \dfrac{\pi}{2}\right)$

2.4. 오일러 방정식

$$at^2y'' + bty' + cy = 0$$

꼴의 미분방정식을 **오일러 방정식**이라 한다. 오일러 방정식의 해법은 다음과 같다.

오일러 방정식의 해법

$$at^2y'' + bty' + cy = 0$$

1단계 $ar(r-1) + br + c = 0$을 푼다.

2단계 $ar(r-1) + br + c = 0$이

1. 서로 다른 두 실근 r_1, r_2를 가질 때: $y = c_1t^{r_1} + c_2t^{r_2}$
2. 중근 r_1을 가질 때: $y = c_1t^{r_1} + c_2t^{r_1}\ln t$
3. 서로 다른 두 허근 $\alpha \pm \beta i$를 가질 때:

$$y = c_1t^{\alpha}\cos(\beta\ln t) + c_2t^{\alpha}\sin(\beta\ln t)$$

조언 별다른 말이 없으면 오일러 방정식의 t는 양수라고 가정한다. 만약 t가 음수이면 구한 해에서 t를 $|t|$로 바꾸기만 하면 된다.

예제 1. 미분방정식 $2t^2y'' + 3ty' - y = 0$을 풀어라.

1단계 $2r(r-1) + 3r - 1 = 0$을 풀면 $r = \frac{1}{2}, -1$

2단계 서로 다른 두 실근을 가지므로 $y = c_1t^{1/2} + c_2t^{-1}$

예제 2. 미분방정식 $t^2y'' + 5ty' + 4y = 0$을 풀어라.

1단계 $r(r-1) + 5r + 4 = 0$을 풀면 $r = -2$

2단계 중근을 가지므로 $y = c_1t^{-2} + c_2t^{-2}\ln t$

예제 3. 미분방정식

$$t^2y'' + ty' + y = 0, \qquad y(1) = 1, \quad y'(1) = 1$$

을 풀어라.

1단계 $r(r-1) + r + 1 = 0$을 풀면 $r = \pm i$

2단계 서로 다른 두 허근을 가지므로

$$y = c_1 \cos(\ln t) + c_2 \sin(\ln t)$$

3단계 $y(1) = 1$, $y'(1) = 1$이므로

$$y = c_1 \cos(\ln t) + c_2 \sin(\ln t)$$

에 $t = 1$을 대입하면 $c_1 = 1$

$$y' = -\frac{c_1}{t} \sin(\ln t) + \frac{c_2}{t} \cos(\ln t)$$

에 $t = 1$을 대입하면 $c_2 = 1$, 따라서

$$y = \cos(\ln t) + \sin(\ln t)$$

♣ 확인 문제

다음 미분방정식을 풀어라.

1. $t^2y'' - 2y = 0$
2. $ty'' + y' = 0$
3. $t^2y'' + 3ty' = 0, \qquad y(1) = 0, \quad y'(1) = 4$
4. $t^2y'' + ty' + y = 0, \qquad y(1) = 1, \quad y'(1) = 2$

2.4 연습문제

다음 미분방정식을 풀어라.

1. $t^2y'' + ty' + 4y = 0$
2. $t^2y'' + 5ty' + 3y = 0$
3. $t^2y'' - 3ty' - 12y = 0$
4. $t^2y'' - ty' + 5y = 0$
5. $t^2y'' - 4ty' + 6y = 0$
6. $t^2y'' + 5ty' + 4.25y = 0$
7. $t^2y'' - 5ty' + 9y = 0$
8. $t^2y'' + 4ty' + 2.25y = 0$
9. $t^2y'' + 5ty' + 4y = 0$
10. $t^2y'' + 5ty' + 29y = 0$
11. $(t+1)^2y'' + 4(t+1)y' + 1.25y = 0$ $(t > -1)$
12. $t^2y'' + 3ty' + 10y = 0$
13. $t^2y'' + 7ty' - y = 0$
14. $t^2y'' - 5ty' + 8y = 0$
15. $t^2y'' - 3ty' + 4y = 0$
16. $(t-1)^2y'' + 8(t-1)y' + 12y = 0$ $(t > 1)$

다음 초기값 문제를 풀어라.

17. $2t^2y'' + ty' - 3y = 0, \quad y(1) = 1, \quad y'(1) = 2$
18. $4t^2y'' + 8ty' + 17y = 0, \quad y(1) = 2, \quad y'(1) = -1$
19. $t^2y'' - 3ty' + 4y = 0, \quad y(-1) = 2, \quad y'(-1) = 2$

CHAPTER

3 미분방정식의 급수해

3.1. 특이점이 아닌 점에서의 급수해

$$P(x)y'' + Q(x)y' + R(x)y = 0$$

꼴의 미분방정식을 **변수계수 이계미분방정식**이라 한다. 만약 $P(x_0) = 0$이면 x_0를 **특이점**이라 한다. 특이점이 아니면 그 점을 기준으로 한 멱급수로 이 미분방정식의 해를 구할 수 있다.

특이점이 아닌 점에서의 급수해법

$$P(x)y'' + Q(x)y' + R(x)y = 0$$

1단계 $y = a_0 + a_1(x-x_0) + a_2(x-x_0)^2 + \cdots$ 로 놓고 y를 주어진 미분방정식에 대입한 다음, 모든 계수를 0으로 놓아 점화식을 유도한다.

2단계 $a_0 = 1$, $a_1 = 0$으로 놓았을 때의 해를 y_1, $a_0 = 0$, $a_1 = 1$로 놓았을 때의 해를 y_2라 한다. 이때 일반항을 구할 수 있으면 구하고, 구할 수 없으면 처음 몇 개 항만 구한다.

3단계 $y = c_1y_1 + c_2y_2$

조언 1 별다른 말이 없으면 $x_0 = 0$으로 놓고 급수해를 구한다.

조언 2 주어진 미분방정식에 y를 대입하여 계산할 때에는 다음과 같은 방법이 실수를 줄일 수 있다.

1. 멱급수는 $\sum$ 기호를 사용하기보다 $a_0 + a_1x + a_2x^2 + \cdots$ 의 꼴로 풀어 쓴다.
2. $P(x)y''$, $Q(x)y'$, $R(x)y$는 단항식 단위로 나눈 다음 y'', y', y를 대입한다.
3. 차수가 같은 항끼리 자리를 맞추어 쓰고 더한다.

첫째로, $\sum$ 기호를 사용하지 말라는 것은 계산할 때 신경 써야 할 부분이 많기 때문이다. 예를 들어, 예제 2와 같이 0이 아닌 최저 차수의 항이 달라질 수 있는데, 이 경우 모든 계수를 0으로 놓아 얻어지는 점화식이 성립하는 n의 범위에 제한이 생긴다. $\sum$ 기호는 이런 차이를 놓치기 쉬울 뿐더러, 그 항을 따로 취급해야 하므로 불편하다. 둘째로, $P(x)$, $Q(x)$, $R(x)$를 단항식 단위로 나누고 y를 대입하라는 것은 멱급수 전개를 쓰기 쉬운 단위가 단항식 단위이기 때문이다. 마지막으로, 차수가 같은 항끼리 자리를 맞추어 쓰라는 것은 나중에 더할 때 보기 좋기 때문이다.

예제 1. 미분방정식 $y'' + y = 0$의 급수해를 구하라.

1단계 $x_0 = 0$, $y = a_0 + a_1 x + a_2 x^2 + \cdots$ 로 놓고 $y'' + y$를 계산하면

$$\begin{array}{ccccccccc} y'' & = & 2a_2 & + & 6a_3 x & + \cdots + & (n+2)(n+1)a_{n+2}x^n & + \cdots \\ y & = & a_0 & + & a_1 x & + \cdots + & a_n x^n & + \cdots \\ \hline 0 & = & (2a_2 + a_0) & + & (6a_3 + a_1)x & + \cdots + & ((n+2)(n+1)a_{n+2} + a_n)x^n & + \cdots \end{array}$$

모든 계수를 0으로 놓으면 점화식

$$(n+2)(n+1)a_{n+2} + a_n = 0 \iff a_{n+2} = -\frac{a_n}{(n+1)(n+2)}$$

을 얻는다.

2단계 $a_0 = 1$, $a_1 = 0$으로 놓으면 $a_2 = -\frac{1}{2}$, $a_4 = \frac{1}{24}$, $\cdots$, $a_{2n} = \frac{(-1)^n}{(2n)!}$이고 홀수 번째 항은 0이므로

$$y_1 = 1 - \frac{1}{2!}x^2 + \frac{1}{4!}x^4 - \frac{1}{6!}x^6 + \cdots$$

한편 $a_0 = 0$, $a_1 = 1$로 놓으면 $a_3 = -\frac{1}{6}$, $a_5 = \frac{1}{120}$, $\cdots$, $a_{2n+1} = \frac{(-1)^n}{(2n+1)!}$이고 짝수 번째 항은 0이므로

$$y_2 = x - \frac{1}{3!}x^3 + \frac{1}{5!}x^5 - \frac{1}{7!}x^7 + \cdots$$

3단계

$$\begin{aligned} y &= c_1 y_1 + c_2 y_2 \\ &= c_1\left(1 - \frac{1}{2!}x^2 + \frac{1}{4!}x^4 - \frac{1}{6!}x^6 + \cdots\right) + c_2\left(x - \frac{1}{3!}x^3 + \frac{1}{5!}x^5 - \frac{1}{7!}x^7 + \cdots\right) \end{aligned}$$

♣ 확인 문제

다음 미분방정식의 급수해를 구하라.

1. $y'' - xy = 0$

2. $y'' - 2xy' + y = 0$

예제 2. 미분방정식 $(x-1)y'' - xy' + y = 0$의 급수해를 구하라.

1단계 $x_0 = 0$, $y = a_0 + a_1 x + a_2 x^2 + \cdots$ 로 놓고 $(x-1)y'' - xy' + y$를 계산하면

$$
\begin{array}{rcccccccc}
xy'' & = & & + & 2a_2 x & +\cdots+ & (n+1)na_{n+1}x^n & +\cdots \\
-y'' & = & -2a_2 & + & -6a_3 x & +\cdots+ & -(n+2)(n+1)a_{n+2}x^n & +\cdots \\
-xy' & = & & & -a_1 x & +\cdots+ & -na_n x^n & +\cdots \\
y & = & a_0 & + & a_1 x & +\cdots+ & a_n x^n & +\cdots \\
\hline
0 & = & (-2a_2 + a_0) & + & (2a_2 - 6a_3)x & +\cdots+ & (\cdots)x^n & +\cdots
\end{array}
$$

모든 계수를 0으로 놓으면 $a_2 = \dfrac{a_0}{2}$ 및 점화식

$$
\begin{aligned}
& (n+1)na_{n+1} - (n+2)(n+1)a_{n+2} - na_n + a_n = 0 \\
\Longleftrightarrow \quad & a_{n+2} = \frac{n}{n+2}a_{n+1} - \frac{n-1}{(n+2)(n+1)}a_n
\end{aligned}
$$

을 얻는다(단, $n \geqq 1$).

2단계 $a_0 = 1$, $a_1 = 0$으로 놓으면 $a_2 = \dfrac{1}{2}$, $a_3 = \dfrac{1}{6}$, $a_4 = \dfrac{1}{24}$, $\cdots$ 이므로

$$y_1 = 1 + \frac{1}{2}x^2 + \frac{1}{6}x^3 + \frac{1}{24}x^4 + \cdots$$

한편 $a_0 = 0$, $a_1 = 1$로 놓으면 $a_2 = 0$, $a_3 = 0$, $a_4 = a_5 = \cdots = 0$이므로

$$y_2 = x$$

3단계 $y = c_1 y_1 + c_2 y_2 = c_1\left(1 + \dfrac{1}{2}x^2 + \dfrac{1}{6}x^3 + \dfrac{1}{24}x^4 + \cdots\right) + c_2 x$

♣ 확인 문제

다음 미분방정식의 급수해를 구하라.

1. $(x-1)y'' + y' = 0$

2. $(x^2+2)y'' + 3xy' - y = 0$

3.1 연습문제

다음 미분방정식의 $x = x_0$ 에서의 급수해를 구하라.

1. $y'' - xy' - y = 0, \quad x_0 = 1$
2. $y'' - xy' - y = 0, \quad x_0 = 0$
3. $y'' - y = 0, \quad x_0 = 0$
4. $y'' + k^2x^2y = 0$ (단, k는 상수), $\quad x_0 = 0$
5. $(1-x)y'' + y = 0, \quad x_0 = 0$
6. $(2+x^2)y'' - xy' + 4y = 0, \quad x_0 = 0$
7. $xy'' + y' + xy = 0, \quad x_0 = 1$
8. $y'' + xy' + 2y = 0, \quad x_0 = 0$
9. $(4-x^2)y'' + 2y = 0, \quad x_0 = 0$
10. $2y'' + (x+1)y' + 3y = 0, \quad x_0 = 2$
11. $2y'' + xy' + 3y = 0, \quad x_0 = 0$

다음 초기값 문제의 급수해를 구하라.

12. $y'' - xy' - y = 0, \quad y(0) = 3, \quad y'(0) = 1$
13. $y'' + xy' + 2y = 0, \quad y(0) = 1, \quad y'(0) = -1$
14. $(1-x)y'' + xy' - y = 0, \quad y(0) = -3, \quad y'(0) = 3$

3.2. 정칙특이점에서의 급수해

$$P(x)y'' + Q(x)y' + R(x)y = 0$$

의 특이점이 x_0 일 때, 극한값

$$\lim_{x\to x_0} \frac{(x-x_0)Q(x)}{P(x)}, \qquad \lim_{x\to x_0} \frac{(x-x_0)^2 R(x)}{P(x)}$$

가 존재하면 x_0 를 **정칙특이점**이라 한다. 정칙특이점에서는 급수해를 구할 수 있다.

정칙특이점에서의 급수해법

$$P(x)y'' + Q(x)y' + R(x)y = 0$$

1단계 $\lim_{x\to x_0} \frac{(x-x_0)Q(x)}{P(x)}$, $\lim_{x\to x_0} \frac{(x-x_0)^2 R(x)}{P(x)}$ 를 구해 각각 α, β 라 하고, $r(r-1) + \alpha r + \beta = 0$ 을 풀어 근을 큰 순서대로 r_1, r_2 라 한다.

2단계 $y_1 = (x-x_0)^{r_1}(1 + a_1(x-x_0) + a_2(x-x_0)^2 + \cdots)$ 로 놓고 y_1 을 주어진 미분방정식에 대입한 다음, 모든 계수를 0 으로 놓아 a_1, a_2, $\cdots$ 를 구한다.

3단계 $r_1 - r_2$ 의 값에 따라 각각 다음과 같이 y_2 를 놓고 y_2 를 주어진 미분방정식에 대입한 다음, 모든 계수를 0 으로 놓아 a, b_1, b_2, $\cdots$ 를 구한다.

1. $r_1 - r_2 \neq 0, 1, 2, \cdots$ 일 때:

$$y_2 = (x-x_0)^{r_2}(1 + b_1(x-x_0) + b_2(x-x_0)^2 + \cdots)$$

2. $r_1 - r_2 = 0$ 일 때:

$$y_2 = y_1 \ln(x-x_0) + (x-x_0)^{r_2}(b_1(x-x_0) + b_2(x-x_0)^2 + \cdots)$$

3. $r_1 - r_2 = 1, 2, \cdots$ 일 때:

$$y_2 = ay_1 \ln(x-x_0) + (x-x_0)^{r_2}(1 + b_1(x-x_0) + b_2(x-x_0)^2 + \cdots)$$

4단계 $y = c_1 y_1 + c_2 y_2$

예제 1. 미분방정식 $xy'' + y = 0$의 급수해를 구하라.

[1단계] $P(x) = x,\ Q(x) = 0,\ R(x) = 1$이므로

$$\alpha = \lim_{x\to 0} \frac{xQ(x)}{P(x)} = \lim_{x\to 0} \frac{0}{x} = 0, \qquad \beta = \lim_{x\to 0} \frac{x^2 R(x)}{P(x)} = \lim_{x\to 0} \frac{x^2}{x} = 0$$

$r(r-1) = 0$을 풀면 $r = 0, 1$이므로 $r_1 = 1,\ r_2 = 0$

[2단계] $y_1 = x(1 + a_1 x + a_2 x^2 + \cdots)$로 놓으면

$$\begin{array}{ccccccccc} x{y_1}'' & = & 2a_1 x & + & 6a_2 x^2 & +\cdots+ & (n+1)na_n x^n & +\cdots \\ y_1 & = & x & + & a_1 x^2 & +\cdots+ & a_{n-1}x^n & +\cdots \\ \hline 0 & = & (2a_1+1)x & + & (6a_2+a_1)x^2 & +\cdots+ & ((n+1)na_n + a_{n-1})x^n & +\cdots \end{array}$$

모든 계수를 0으로 놓으면 $a_1 = -\dfrac{1}{2}$ 및 점화식

$$(n+1)na_n + a_{n-1} = 0 \iff a_n = -\frac{a_{n-1}}{n(n+1)}$$

을 얻는다. 따라서 $a_2 = \dfrac{1}{12},\ a_3 = -\dfrac{1}{144}, \cdots$이고

$$y_1 = x - \frac{1}{2}x^2 + \frac{1}{12}x^3 - \frac{1}{144}x^4 + \cdots$$

[3단계] $r_1 - r_2 = 1$이므로 $y_2 = ay_1 \ln x + (1 + b_1 x + b_2 x^2 + \cdots)$로 놓으면

$$\begin{aligned} (ay_1 \ln x)'' &= a(-y_1/x^2 + {y_1}'' \ln x + 2{y_1}'/x) \\ (1 + b_1 x + b_2 x^2 + \cdots)'' &= 2b_2 + 6b_3 x + \cdots \end{aligned}$$

이므로

$$\begin{array}{ccccc} x{y_2}'' & = & a(-y_1/x + x{y_1}'' \ln x + 2{y_1}') & + & 2b_2 x + 6b_3 x^2 + \cdots \\ y_2 & = & ay_1 \ln x & + & 1 + b_1 x + b_2 x^2 + \cdots \\ \hline 0 & = & a(-y_1/x + 2{y_1}') & + & 1 + (2b_2 + b_1)x + (6b_3 + b_2)x^2 + \cdots \end{array}$$

여기에서 $a(-y_1/x + 2{y_1}')$는 y_1이 $xy'' + y = 0$의 해이므로 $x{y_1}'' + y_1 = 0$임을 써서

$$\begin{aligned}&a(-y_1/x + xy_1{}'' \ln x + 2y_1{}') + ay_1 \ln x \\ =\ & a(-y_1/x + 2y_1{}') + a(xy_1{}'' + y_1)\ln x = a(-y_1/x + 2y_1{}')\end{aligned}$$

와 같이 계산한 것이다. 따라서

$$a(y_1/x - 2y_1{}') = 1 + (2b_2 + b_1)x + (6b_3 + b_2)x^2 + \cdots$$

좌변을 멱급수로 나타내면

$$\begin{aligned}&a(y_1/x - 2y_1{}') \\ =\ & a\left(1 - \frac{1}{2}x + \frac{1}{12}x^2 - \frac{1}{144}x^3 + \cdots\right) - 2a\left(1 - x + \frac{1}{4}x^2 - \frac{1}{36}x^3 + \cdots\right) \\ =\ & a\left(-1 + \frac{3}{2}x - \frac{5}{12}x^2 + \frac{7}{144}x^3 - \cdots\right)\end{aligned}$$

이제

$$a\left(-1 + \frac{3}{2}x - \frac{5}{12}x^2 + \frac{7}{144}x^3 - \cdots\right) = 1 + (2b_2 + b_1)x + (6b_3 + b_2)x^2 + \cdots$$

로 놓고 양변의 계수를 비교하면 $a = -1$ 이고, $b_1 = 0$ 으로 놓으면 $b_2 = -\frac{3}{4}$, $b_3 = \frac{7}{36}$, $b_4 = -\frac{35}{1728}$, $\cdots$ 이므로

$$y_2 = -y_1 \ln x + 1 - \frac{3}{4}x^2 + \frac{7}{36}x^3 - \frac{35}{1728}x^4 + \cdots$$

* 여기에서는 $b_1 = 0$ 으로 놓고 b_2, b_3, $\cdots$ 를 구하였으나, b_1 을 다른 값으로 놓고 b_2, b_3, $\cdots$ 를 구해도 된다.

4단계

$$\begin{aligned}y &= c_1y_1 + c_2y_2 \\ &= c_1\left(x - \frac{1}{2}x^2 + \frac{1}{12}x^3 - \frac{1}{144}x^4 + \cdots\right) \\ &\quad + c_2\left(-y_1 \ln x + 1 - \frac{3}{4}x^2 + \frac{7}{36}x^3 - \frac{35}{1728}x^4 + \cdots\right)\end{aligned}$$

♣ 확인 문제

다음 미분방정식의 급수해를 구하라.

1. $2xy'' - y' + 2y = 0$
2. $4xy'' + \frac{1}{2}y' + y = 0$
3. $xy'' + 2y' - xy = 0$
4. $xy'' - xy' + y = 0$

3.2 연습문제

다음 미분방정식의 급수해를 구하라.

1. $4xy'' + y' + xy = 0$
2. $2x^2y'' + 3xy' + (2x^2 - 1)y = 0$
3. $3xy'' + (2 - x)y' - y = 0$
4. $2xy'' - (3 + 2x)y' + y = 0$
5. $9x^2y'' + 9x^2y' + 2y = 0$
6. $xy'' + y = 0$
7. $x^2y'' + (\sin x)y' - (\cos x)y = 0$
8. $xy'' + y' - y = 0$
9. $x(x - 1)y'' + 6x^2y' + 3y = 0$
10. $xy'' + (1 - x)y' - y = 0$
11. $x^2y'' + xy' + 2xy = 0$
12. $x^2y'' + 4xy' + (2 + x)y = 0$
13. $x^2y'' + 3xy' + (1 + x)y = 0$
14. $x^2y'' + xy' + \left(x^2 - \frac{9}{4}\right)y = 0$

CHAPTER

4

라플라스 변환

4.1. 라플라스 변환

$$\mathcal{L}\{f(t)\}(s) = \int_0^\infty f(t)e^{-st}dt$$

를 함수 $f(t)$의 라플라스 변환이라 한다. '함수 $f(t)$'를 간단히 '함수 f'라고도 하듯이, 혼동의 염려가 없으면 $\mathcal{L}\{f(t)\}(s)$를 간단히 $\mathcal{L}\{f\}$로 나타내기로 한다.

라플라스 변환의 성질

선형성

$$\mathcal{L}\{f+g\} = \mathcal{L}\{f\} + \mathcal{L}\{g\}, \qquad \mathcal{L}\{cf\} = c\mathcal{L}\{f\} \text{ (단, } c\text{는 상수)} \tag{1}$$

주요 함수의 라플라스 변환

$$\mathcal{L}\{t^n\} = \frac{n!}{s^{n+1}} \ (n = 0, 1, 2, \cdots) \tag{2}$$

$$\mathcal{L}\{e^{at}\} = \frac{1}{s-a} \tag{3}$$

$$\mathcal{L}\{\sin at\} = \frac{a}{s^2+a^2} \tag{4}$$

$$\mathcal{L}\{\cos at\} = \frac{s}{s^2+a^2} \tag{5}$$

라플라스 변환과 평행이동

$$\mathcal{L}\{e^{at}f(t)\}(s) = \mathcal{L}\{f\}(s-a) \tag{6}$$

예제 1. 함수 $f(t) = 5e^{-2t} - 3\sin 4t$의 라플라스 변환을 구하라.

풀이 $\mathcal{L}\{f(t)\} = 5\mathcal{L}\{e^{-2t}\} - 3\mathcal{L}\{\sin 4t\}$이고

$$\mathcal{L}\{e^{-2t}\} = \frac{1}{s-(-2)} = \frac{1}{s+2}, \qquad \mathcal{L}\{\sin 4t\} = \frac{4}{s^2+4^2} = \frac{4}{s^2+16}$$

이므로

$$\mathcal{L}\{f(t)\} = \frac{5}{s+2} - \frac{12}{s^2+16}$$

앞에서는 함수 $f(t)$가 연속일 때 라플라스 변환을 하였지만, $f(t)$가 불연속일 때에도 라플라스 변환을 할 수 있다. 다만, $f(t)$가 불연속이면 이를 라플라스 변환하기 위하여 단위계단함수의 개념이 필요하다는 차이가 있을 뿐이다.

$$u_c(t) = \begin{cases} 0 & (t < c) \\ 1 & (t \geqq c) \end{cases}$$

꼴의 함수를 **단위계단함수**라 한다.

불연속함수의 라플라스 변환

1단계 구간마다 정의된 함수

$$f(t) = \begin{cases} f_1(t) & (0 \leqq t < c_1) \\ f_2(t) & (c_1 \leqq t < c_2) \\ \vdots & \vdots \\ f_n(t) & (t \geqq c_{n-1}) \end{cases}$$

을 단위계단함수의 합

$$(u_0(t) - u_{c_1}(t))f_1(t) + (u_{c_1}(t) - u_{c_2}(t))f_2(t) + \cdots + u_{c_{n-1}}(t)f_n(t)$$

로 나타낸다.

2단계 단위계단함수의 라플라스 변환 공식

$$\mathcal{L}\{u_c(t)\} = e^{-cs}\frac{1}{s}, \qquad \mathcal{L}\{u_c(t)f(t)\} = e^{-cs}\mathcal{L}\{f(t+c)\}$$

를 써서 $f(t)$를 라플라스 변환한다.

조언 구간마다 정의된 함수 $f(t)$를 단위계단함수의 합으로 나타낼 때에는

$$\begin{array}{ccc} c_{i-1}\text{ 부터 } c_i \text{ 까지는} & & f_i(t) \\ \updownarrow & & \updownarrow \\ u_{c_{i-1}}(t) - u_{c_i}(t) & \times & f_i(t) \end{array}$$

라고 생각하면 기억하기 쉽다.

예제 2. 함수

$$f(t) = \begin{cases} \sin t & \left(0 \leqq t < \frac{\pi}{4}\right) \\ \sin t + \cos\left(t - \frac{\pi}{4}\right) & \left(t \geqq \frac{\pi}{4}\right) \end{cases}$$

의 라플라스 변환을 구하라.

1단계 우변을 단위계단함수의 합으로 나타내면

$$\begin{aligned} & (u_0(t) - u_{\pi/4}(t))\sin t + u_{\pi/4}(t)\left(\sin t + \cos\left(t - \frac{\pi}{4}\right)\right) \\ = \; & u_0(t)\sin t + u_{\pi/4}(t)\cos\left(t - \frac{\pi}{4}\right) \end{aligned}$$

2단계 $\mathcal{L}\{u_0(t)\sin t\} = e^{-0\cdot s}\frac{1}{s^2+1} = \frac{1}{s^2+1}$ 이고

$$\mathcal{L}\left\{u_{\pi/4}(t)\cos\left(t - \frac{\pi}{4}\right)\right\} = e^{-(\pi/4)s}\mathcal{L}\{\cos t\} = e^{-(\pi/4)s}\frac{s}{s^2+1}$$

이므로

$$\mathcal{L}\{f(t)\} = \frac{1}{s^2+1} + e^{-(\pi/4)s}\frac{s}{s^2+1}$$

♣ 확인 문제

다음 함수의 라플라스 변환을 구하라.

1. $f(t) = (t+1)^3$
2. $f(t) = 1 + e^{4t}$
3. $f(t) = (1 + e^{2t})^2$
4. $f(t) = 4t^2 - 5\sin 3t$
5. $f(t) = \begin{cases} -1 & (0 \leqq t < 1) \\ 1 & (t \geqq 1) \end{cases}$
6. $f(t) = \begin{cases} t & (0 \leqq t < 1) \\ 1 & (t \geqq 1) \end{cases}$

4.1 연습문제

다음 함수의 라플라스 변환을 구하라.

1. $f(t) = t$
2. $f(t) = t^2$
3. $f(t) = t^n$
4. $f(t) = e^{at} \cosh bt$
5. $f(t) = e^{at} \sinh bt$
6. $f(t) = \cos bt$
7. $f(t) = \sin bt$
8. $f(t) = e^{at} \cos bt$
9. $f(t) = e^{at} \sin bt$
10. $f(t) = t^n e^{at}$
11. $f(t) = t \cos at$
12. $f(t) = t^2 \cos at$
13. $f(t) = t^2 \cosh at$
14. $f(t) = \begin{cases} 1 & (0 \leqq t < 2\pi) \\ 0 & (t \geqq 2\pi) \end{cases}$
15. $f(t) = \begin{cases} t & (0 \leqq t < 3) \\ 0 & (t \geqq 3) \end{cases}$
16. $f(t) = \begin{cases} t & (0 \leqq t < 3) \\ 1 & (t \geqq 3) \end{cases}$

4.2. 초기값 문제의 해법

$$ay'' + by' + cy = g(t), \qquad y(0),\ y'(0) \text{은 알려진 값}$$

꼴의 미분방정식을 푸는 데 라플라스 변환을 쓸 수 있다.

초기값 문제의 해법

$$ay'' + by' + cy = g(t), \qquad y(0),\ y'(0) \text{은 알려진 값}$$

1단계 라플라스 변환의 성질 (1)과 도함수와 이계도함수의 라플라스 변환 공식

$$\begin{aligned}\mathcal{L}\{y'\} &= s\mathcal{L}\{y\} - y(0)\\ \mathcal{L}\{y''\} &= s^2\mathcal{L}\{y\} - sy(0) - y'(0)\end{aligned}$$

을 써서 좌변을 라플라스 변환한다.

2단계 라플라스 변환의 성질 (1)과 (2)~(6)을 써서 우변을 라플라스 변환한다.

3단계 좌변과 우변을 라플라스 변환한 식을 같다고 놓은 다음 $\mathcal{L}\{y\}$에 관하여 정리한다.

4단계 $\mathcal{L}\{y\}$ = (우변)에서 우변을 부분분수로 분해하여 라플라스 변환하기 전의 함수를 구한다.

예제 1. 라플라스 변환을 써서 미분방정식

$$y'' - 2y' + 2y = \cos t, \qquad y(0) = 1, \quad y'(0) = 1$$

을 풀어라.

1단계

$$\begin{aligned}\mathcal{L}\{y'\} &= s\mathcal{L}\{y\} - y(0) = s\mathcal{L}\{y\} - 1\\ \mathcal{L}\{y''\} &= s^2\mathcal{L}\{y\} - sy(0) - y'(0) = s^2\mathcal{L}\{y\} - s - 1\end{aligned}$$

이므로

$$\begin{aligned}\mathcal{L}\{y''-2y'+2y\} &= \mathcal{L}\{y''\}-2\mathcal{L}\{y'\}+2\mathcal{L}\{y\}\\ &= (s^2\mathcal{L}\{y\}-s-1)-2(s\mathcal{L}\{y\}-1)+2\mathcal{L}\{y\}\\ &= (s^2-2s+2)\mathcal{L}\{y\}-s+1\end{aligned}$$

2단계 $\mathcal{L}\{\cos t\} = \dfrac{s}{s^2+1}$

3단계 $(s^2-2s+2)\mathcal{L}\{y\}-s+1 = \dfrac{s}{s^2+1}$ 이므로 $\mathcal{L}\{y\}$ 에 관하여 정리하면

$$\mathcal{L}\{y\} = \frac{s-1}{s^2-2s+2} + \frac{s}{(s^2-2s+2)(s^2+1)}$$

4단계 둘째 항을 부분분수로 분해하면

$$\begin{aligned}\frac{s}{(s^2-2s+2)(s^2+1)} &= \frac{-\frac{1}{5}s+\frac{4}{5}}{s^2-2s+2} + \frac{\frac{1}{5}s-\frac{2}{5}}{s^2+1}\\ &= -\frac{1}{5}\frac{s-1}{(s-1)^2+1} + \frac{3}{5}\frac{1}{(s-1)^2+1} + \frac{1}{5}\frac{s}{s^2+1} - \frac{2}{5}\frac{1}{s^2+1}\end{aligned}$$

$\mathcal{L}\{y\}$ 의 각 항을 라플라스 변환하기 전의 함수는

$$\begin{array}{ccccc} \dfrac{s-1}{(s-1)^2+1} & -\dfrac{1}{5}\dfrac{s-1}{(s-1)^2+1} & \dfrac{3}{5}\dfrac{1}{(s-1)^2+1} & \dfrac{1}{5}\dfrac{s}{s^2+1} & -\dfrac{2}{5}\dfrac{1}{s^2+1}\\ \updownarrow & \updownarrow & \updownarrow & \updownarrow & \updownarrow\\ e^t\cos t & -\dfrac{1}{5}e^t\cos t & \dfrac{3}{5}e^t\sin t & \dfrac{1}{5}\cos t & -\dfrac{2}{5}\sin t \end{array}$$

이므로

$$\begin{aligned}y &= e^t\cos t - \frac{1}{5}e^t\cos t + \frac{3}{5}e^t\sin t + \frac{1}{5}\cos t - \frac{2}{5}\sin t\\ &= \frac{1}{5}(\cos t - 2\sin t + 4e^t\cos t + 3e^t\sin t)\end{aligned}$$

♣ 확인 문제

라플라스 변환을 써서 다음 미분방정식을 풀어라.

1. $y''-6y'+9y=t, \quad y(0)=0, \quad y'(0)=1$

2. $y''-y'=e^t\cos t, \quad y(0)=0, \quad y'(0)=0$

예제 2. 라플라스 변환을 써서 미분방정식

$$y'' + 9y = \begin{cases} 1 & (0 \leqq t < 3\pi) \\ 0 & (t \geqq 3\pi) \end{cases}, \qquad y(0) = 0, \quad y'(0) = 1$$

을 풀어라.

1단계 $\mathcal{L}\{y''+9y\} = \mathcal{L}\{y''\}+9\mathcal{L}\{y\} = (s^2\mathcal{L}\{y\}-1)+9\mathcal{L}\{y\} = (s^2+9)\mathcal{L}\{y\}-1$

2단계 우변을 단위계단함수의 합으로 나타내면 $u_0(t) - u_{3\pi}(t)$ 이므로

$$\mathcal{L}\{u_0(t) - u_{3\pi}(t)\} = \mathcal{L}\{u_0(t)\} - \mathcal{L}\{u_{3\pi}(t)\} = \frac{1}{s} - e^{-3\pi s}\frac{1}{s}$$

3단계 $(s^2+9)\mathcal{L}\{y\} - 1 = \frac{1}{s} - e^{-3\pi s}\frac{1}{s}$ 이므로 $\mathcal{L}\{y\}$ 에 관하여 정리하면

$$\mathcal{L}\{y\} = \frac{1}{s^2+9} + \frac{1}{s(s^2+9)} - e^{-3\pi s}\frac{1}{s(s^2+9)}$$

4단계 $\frac{1}{s(s^2+9)}$ 을 부분분수로 분해하면 $\frac{1}{s(s^2+9)} = \frac{1}{9}\left(\frac{1}{s} - \frac{s}{s^2+9}\right)$ 이므로 각 항을 라플라스 변환하기 전의 함수는

$$\begin{array}{ccccc} \frac{1}{s^2+9} & \frac{1}{9}\frac{1}{s} & -\frac{1}{9}\frac{s}{s^2+9} & -\frac{1}{9}e^{-3\pi s}\frac{1}{s} & \frac{1}{9}e^{-3\pi s}\frac{s}{s^2+9} \\ \updownarrow & \updownarrow & \updownarrow & \updownarrow & \updownarrow \\ \frac{1}{3}\sin 3t & \frac{1}{9} & -\frac{1}{9}\cos 3t & -\frac{1}{9}u_{3\pi}(t) & \frac{1}{9}u_{3\pi}(t)\cos 3(t-3\pi) \end{array}$$

따라서 $y = \frac{1}{3}\sin 3t + \frac{1}{9}(1-\cos 3t) - \frac{1}{9}u_{3\pi}(t)(1-\cos 3(t-3\pi))$

♣ 확인 문제

라플라스 변환을 써서 다음 미분방정식을 풀어라.

1. $y'' + 4y = u_{2\pi}(t)\sin t, \quad y(0) = 1, \quad y'(0) = 0$

2. $y'' + y = u_{\pi}(t) - u_{2\pi}(t), \quad y(0) = 0, \quad y'(0) = 1$

4.2 연습문제

라플라스 변환을 써서 다음 미분방정식을 풀어라.

1. $y'' - y' - 6y = 0, \quad y(0) = 2, \quad y'(0) = -1$

2. $y'' + 3y' + 2y = 0, \quad y(0) = 1, \quad y'(0) = 2$

3. $y'' - 2y' + 2y = 0, \quad y(0) = 1, \quad y'(0) = 1$

4. $y'' - 4y' + 4y = 0, \quad y(0) = 1, \quad y'(0) = 3$

5. $y'' - 2y' + 4y = 0, \quad y(0) = 3, \quad y'(0) = 0$

6. $y'' - 2y' + 2y = \cos t, \quad y(0) = 1, \quad y'(0) = 1$

7. $y'' + 2y' + y = 4e^{-t}, \quad y(0) = 2, \quad y'(0) = -1$

8. $y'' + y = \begin{cases} \frac{t}{2} & (0 \leqq t < 6) \\ 3 & (t \geqq 6) \end{cases}, \quad y(0) = 0, \quad y'(0) = 2$

9. $y'' + 4y = \sin t + u_\pi(t)\sin(t - \pi), \quad y(0) = 1, \quad y'(0) = 0$

10. $y'' + 3y' + 2y = \begin{cases} 1 & (0 \leqq t < 10) \\ 0 & (t \geqq 10) \end{cases}, \quad y(0) = 1, \quad y'(0) = 0$

11. $y'' + y' + \frac{5}{4}y = t - u_{\pi/2}(t)\left(t - \frac{\pi}{2}\right), \quad y(0) = 0, \quad y'(0) = 1$

12. $y'' + y' + \frac{5}{4}y = \begin{cases} \sin t & (0 \leqq t < \pi) \\ 0 & (t \geqq \pi) \end{cases}, \quad y(0) = 1, \quad y'(0) = 0$

13. $y'' + y = u_{3\pi}(t), \quad y(0) = 2, \quad y'(0) = 0$

CHAPTER

5

선형미분방정식계

5.1. 선형동차미분방정식계

$$X' = AX$$

꼴의 미분방정식을 **선형동차미분방정식계**라 한다. 이 책에서는 A가 2×2 행렬인 경우만 다룬다. 선형동차미분방정식계의 해법은 다음과 같다.

선형동차미분방정식계의 해법

$$X' = AX$$

1단계 $\det(A-\lambda I)=0$을 푼다.

2단계 $\det(A-\lambda I)=0$이

1. 서로 다른 두 실근 λ_1, λ_2를 가질 때:

$$X_1 = e^{\lambda_1 t}\xi_1, \qquad X_2 = e^{\lambda_2 t}\xi_2$$

(단, ξ_i는 $(A-\lambda_i I)\xi_i = 0$을 만족하는 벡터)

2. 중근 λ를 가질 때:

$$X_1 = e^{\lambda t}\xi, \qquad X_2 = tX_1 + e^{\lambda t}\eta$$

(단, ξ, η는 각각 $(A-\lambda I)\xi = 0$, $(A-\lambda I)\eta = \xi$를 만족하는 벡터)

3. 서로 다른 두 허근 λ_1, λ_2를 가질 때:

X_1, X_2는 각각 $e^{\lambda_1 t}\xi$의 실수부와 허수부

(단, ξ는 $(A-\lambda_1 I)\xi = 0$을 만족하는 벡터)

3단계 $X = c_1X_1 + c_2X_2$

만약 $\det(A-\lambda I)=0$이 서로 다른 두 허근을 가질 때에는 복소지수 $e^{\lambda_1 t}$를 계산해야 한다. 복소수 $a+bi$에 대하여 e^{a+bi}는

$$e^{a+bi} = e^a(\cos b + i\sin b)$$

로 계산하면 된다.

예제 1. 미분방정식

$$X' = \begin{pmatrix} 2 & 0 \\ 0 & -3 \end{pmatrix} X$$

를 풀어라.

1단계 $\begin{vmatrix} 2-\lambda & 0 \\ 0 & -3-\lambda \end{vmatrix} = (2-\lambda)(-3-\lambda) - 0 \cdot 0 = 0$을 풀면 $\lambda = 2,\ -3$

2단계 $\lambda = 2$일 때 $(A - \lambda I)\xi_1 = 0$을 만족하는 벡터 ξ_1, 그리고 X_1은

$$\begin{pmatrix} 0 & 0 \\ 0 & -5 \end{pmatrix} \begin{pmatrix} x \\ y \end{pmatrix} = \begin{pmatrix} 0 \\ 0 \end{pmatrix} \Longrightarrow \begin{cases} x = 1 \\ y = 0 \end{cases} \Longleftrightarrow \xi_1 = \begin{pmatrix} 1 \\ 0 \end{pmatrix}, \quad X_1 = \begin{pmatrix} 1 \\ 0 \end{pmatrix} e^{2t}$$

$\lambda = -3$일 때 $(A - \lambda I)\xi_2 = 0$을 만족하는 벡터 ξ_2, 그리고 X_2는

$$\begin{pmatrix} 5 & 0 \\ 0 & 0 \end{pmatrix} \begin{pmatrix} x \\ y \end{pmatrix} = \begin{pmatrix} 0 \\ 0 \end{pmatrix} \Longrightarrow \begin{cases} x = 0 \\ y = 1 \end{cases} \Longleftrightarrow \xi_2 = \begin{pmatrix} 0 \\ 1 \end{pmatrix}, \quad X_2 = \begin{pmatrix} 0 \\ 1 \end{pmatrix} e^{-3t}$$

$*$ 여기에서는 $\xi_1 = \binom{1}{0}$, $\xi_2 = \binom{0}{1}$로 놓고 X_1, X_2를 구하였으나, ξ_1, ξ_2를 각각 $(A - \lambda_1 I)\xi_1 = 0$, $(A - \lambda_2 I)\xi_2 = 0$을 만족하는 다른 벡터로 놓고 X_1, X_2를 구해도 된다.

3단계 $X = c_1 X_1 + c_2 X_2 = c_1 \begin{pmatrix} 1 \\ 0 \end{pmatrix} e^{2t} + c_2 \begin{pmatrix} 0 \\ 1 \end{pmatrix} e^{-3t}$

♣ 확인 문제

다음 미분방정식을 풀어라.

1. $X' = \begin{pmatrix} 1 & 2 \\ 4 & 3 \end{pmatrix} X$

2. $X' = \begin{pmatrix} \frac{1}{2} & 0 \\ 1 & -\frac{1}{2} \end{pmatrix} X, \quad X(0) = \begin{pmatrix} 3 \\ 5 \end{pmatrix}$

예제 2. 미분방정식

$$X' = \begin{pmatrix} 1 & -1 \\ 1 & 3 \end{pmatrix} X$$

를 풀어라.

1단계 $\begin{vmatrix} 1-\lambda & -1 \\ 1 & 3-\lambda \end{vmatrix} = (1-\lambda)(3-\lambda) - (-1)\cdot 1 = 0$을 풀면 $\lambda = 2$

2단계 $\lambda = 2$일 때 $(A - \lambda I)\xi = 0$을 만족하는 벡터 ξ, 그리고 X_1은

$$\begin{pmatrix} -1 & -1 \\ 1 & 1 \end{pmatrix}\begin{pmatrix} x \\ y \end{pmatrix} = \begin{pmatrix} 0 \\ 0 \end{pmatrix} \Longrightarrow \begin{cases} x = -1 \\ y = 1 \end{cases} \Longleftrightarrow \xi = \begin{pmatrix} -1 \\ 1 \end{pmatrix}, \quad X_1 = \begin{pmatrix} -1 \\ 1 \end{pmatrix} e^{2t}$$

$(A - \lambda I)\eta = \xi$를 만족하는 벡터 η, 그리고 X_2는

$$\begin{pmatrix} -1 & -1 \\ 1 & 1 \end{pmatrix}\begin{pmatrix} x \\ y \end{pmatrix} = \begin{pmatrix} -1 \\ 1 \end{pmatrix} \Longrightarrow \begin{cases} x = 0 \\ y = 1 \end{cases} \Longleftrightarrow \eta = \begin{pmatrix} 0 \\ 1 \end{pmatrix}, \quad X_2 = tX_1 + \begin{pmatrix} 0 \\ 1 \end{pmatrix} e^{2t}$$

* 여기에서는 $\eta = \binom{0}{1}$로 놓고 X_2를 구하였으나, η를 $(A - \lambda I)\eta = \xi$를 만족하는 다른 벡터로 놓고 X_2를 구해도 된다.

3단계 $X = c_1X_1 + c_2X_2 = c_1 \begin{pmatrix} -1 \\ 1 \end{pmatrix} e^{2t} + c_2 \left[\begin{pmatrix} -1 \\ 1 \end{pmatrix} te^{2t} + \begin{pmatrix} 0 \\ 1 \end{pmatrix} e^{2t} \right]$

♣ 확인 문제

다음 미분방정식을 풀어라.

1. $X' = \begin{pmatrix} 3 & -1 \\ 9 & -3 \end{pmatrix} X$

2. $X' = \begin{pmatrix} 2 & 4 \\ -1 & 6 \end{pmatrix} X, \quad X(0) = \begin{pmatrix} -1 \\ 6 \end{pmatrix}$

예제 3. 미분방정식

$$X' = \begin{pmatrix} -1 & 1 \\ -4 & -1 \end{pmatrix} X$$

를 풀어라.

1단계 $\begin{vmatrix} -1-\lambda & 1 \\ -4 & -1-\lambda \end{vmatrix} = (-1-\lambda)^2 - 1\cdot(-4) = 0$을 풀면 $\lambda = -1 \pm 2i$

2단계 $\lambda = -1+2i$일 때 $(A-\lambda I)\xi = 0$을 만족하는 벡터 ξ는

$$\begin{pmatrix} -2i & 1 \\ -4 & -2i \end{pmatrix}\begin{pmatrix} x \\ y \end{pmatrix} = \begin{pmatrix} 0 \\ 0 \end{pmatrix} \Longrightarrow \begin{cases} x = 1 \\ y = 2i \end{cases} \iff \xi = \begin{pmatrix} 1 \\ 2i \end{pmatrix}$$

$e^{(-1+2i)t}\xi$를 실수부와 허수부로 분리하면

$$e^{-t}(\cos 2t + i\sin 2t)\begin{pmatrix} 1 \\ 2i \end{pmatrix} = \begin{pmatrix} \cos 2t \\ -2\sin 2t \end{pmatrix} e^{-t} + i\begin{pmatrix} \sin 2t \\ 2\cos 2t \end{pmatrix} e^{-t}$$

* 여기에서는 $\lambda = -1+2i$로 놓고 $e^{\lambda t}\xi$의 실수부와 허수부를 구하였으나, $\lambda = -1-2i$로 놓고 $e^{\lambda t}\xi$의 실수부와 허수부를 구해도 된다.

3단계 $X = c_1X_1 + c_2X_2 = c_1\begin{pmatrix} \cos 2t \\ -2\sin 2t \end{pmatrix} e^{-t} + c_2\begin{pmatrix} \sin 2t \\ 2\cos 2t \end{pmatrix} e^{-t}$

♣ 확인 문제

다음 미분방정식을 풀어라.

1. $X' = \begin{pmatrix} 6 & -1 \\ 5 & 2 \end{pmatrix} X$

2. $X' = \begin{pmatrix} 5 & 1 \\ -2 & 3 \end{pmatrix} X$

5.1 연습문제

다음 미분방정식을 풀어라.

1. $X' = \begin{pmatrix} 3 & 2 \\ -2 & -2 \end{pmatrix} X$

2. $X' = \begin{pmatrix} 1 & 3 \\ -2 & -4 \end{pmatrix} X$

3. $X' = \begin{pmatrix} 4 & 8 \\ -2 & -4 \end{pmatrix} X$

4. $X' = \begin{pmatrix} 3 & 1 \\ -4 & -1 \end{pmatrix} X$

5. $X' = \begin{pmatrix} -1 & 1 \\ -4 & -1 \end{pmatrix} X$

6. $X' = \begin{pmatrix} 2 & \frac{9}{5} \\ -\frac{5}{2} & -1 \end{pmatrix} X$

다음 초기값 문제를 풀어라.

7. $X' = \begin{pmatrix} -2 & 1 \\ -5 & 4 \end{pmatrix} X, \quad X(0) = \begin{pmatrix} 2 \\ 3 \end{pmatrix}$

8. $X' = \begin{pmatrix} 5 & -1 \\ 3 & 1 \end{pmatrix} X, \quad X(0) = \begin{pmatrix} 3 \\ -1 \end{pmatrix}$

9. $X' = \begin{pmatrix} 3 & -1 \\ 9 & -3 \end{pmatrix} X, \quad X(0) = \begin{pmatrix} 2 \\ 4 \end{pmatrix}$

10. $X' = \begin{pmatrix} -\frac{5}{2} & \frac{3}{2} \\ -\frac{3}{2} & \frac{1}{2} \end{pmatrix} X, \quad X(0) = \begin{pmatrix} 3 \\ -3 \end{pmatrix}$

11. $X' = \begin{pmatrix} -3 & 2 \\ -1 & -1 \end{pmatrix} X, \quad X(0) = \begin{pmatrix} 1 \\ 2 \end{pmatrix}$

12. $X' = \begin{pmatrix} 1 & -5 \\ 1 & -3 \end{pmatrix} X, \quad X(0) = \begin{pmatrix} 2 \\ 1 \end{pmatrix}$

5.2. 선형비동차미분방정식계

$$X' = AX + G(t)$$

꼴의 미분방정식을 **선형비동차미분방정식계**라 한다. 선형비동차미분방정식계의 해법은 다음과 같다.

선형비동차미분방정식계의 해법

$$X' = AX + G(t)$$

1단계 $X' = AX$ 를 풀어 X_1, X_2 를 구한다.

2단계 $\begin{pmatrix} | & | \\ X_1 & X_2 \\ | & | \end{pmatrix}$ 의 역행렬을 구하고 $\begin{pmatrix} {u_1}' \\ {u_2}' \end{pmatrix} = \begin{pmatrix} | & | \\ X_1 & X_2 \\ | & | \end{pmatrix}^{-1} G(t)$ 의 양변을 적분하여 u_1, u_2 를 구한다.

3단계 $X = u_1 X_1 + u_2 X_2$

예제 1. 미분방정식

$$X' = \begin{pmatrix} -2 & 1 \\ 1 & -2 \end{pmatrix} X + \begin{pmatrix} 2e^{-t} \\ 3t \end{pmatrix}$$

를 풀어라.

1단계 $\begin{vmatrix} -2-\lambda & 1 \\ 1 & -2-\lambda \end{vmatrix} = (-2-\lambda)^2 - 1 \cdot 1 = 0$ 을 풀면 $\lambda = -1, -3$

$\lambda = -1$ 일 때 $(A - \lambda I)\xi_1 = 0$ 을 만족하는 벡터 ξ_1, 그리고 X_1 은

$$\begin{pmatrix} -1 & 1 \\ 1 & -1 \end{pmatrix} \begin{pmatrix} x \\ y \end{pmatrix} = \begin{pmatrix} 0 \\ 0 \end{pmatrix} \Longrightarrow \begin{cases} x = 1 \\ y = 1 \end{cases} \Longleftrightarrow \xi_1 = \begin{pmatrix} 1 \\ 1 \end{pmatrix}, \quad X_1 = \begin{pmatrix} 1 \\ 1 \end{pmatrix} e^{-t}$$

$\lambda = -3$ 일 때 $(A - \lambda I)\xi_2 = 0$ 을 만족하는 벡터 ξ_2, 그리고 X_2 는

$$\begin{pmatrix} 1 & 1 \\ 1 & 1 \end{pmatrix} \begin{pmatrix} x \\ y \end{pmatrix} = \begin{pmatrix} 0 \\ 0 \end{pmatrix} \Longrightarrow \begin{cases} x = -1 \\ y = 1 \end{cases} \Longleftrightarrow \xi_2 = \begin{pmatrix} -1 \\ 1 \end{pmatrix}, \quad X_2 = \begin{pmatrix} -1 \\ 1 \end{pmatrix} e^{-3t}$$

2단계 $\begin{pmatrix} | & | \\ X_1 & X_2 \\ | & | \end{pmatrix}$의 역행렬은

$$\begin{pmatrix} | & | \\ X_1 & X_2 \\ | & | \end{pmatrix}^{-1} = \begin{pmatrix} e^{-t} & -e^{-3t} \\ e^{-t} & e^{-3t} \end{pmatrix}^{-1} = \frac{1}{2e^{-4t}} \begin{pmatrix} e^{-3t} & e^{-3t} \\ -e^{-t} & e^{-t} \end{pmatrix} = \frac{1}{2} \begin{pmatrix} e^{t} & e^{t} \\ -e^{3t} & e^{3t} \end{pmatrix}$$

따라서

$$\begin{pmatrix} u_1' \\ u_2' \end{pmatrix} = \begin{pmatrix} | & | \\ X_1 & X_2 \\ | & | \end{pmatrix}^{-1} G(t) = \frac{1}{2} \begin{pmatrix} e^{t} & e^{t} \\ -e^{3t} & e^{3t} \end{pmatrix} \begin{pmatrix} 2e^{-t} \\ 3t \end{pmatrix} = \frac{1}{2} \begin{pmatrix} 3te^{t} + 2 \\ 3te^{3t} - 2e^{2t} \end{pmatrix}$$

양변을 적분하면

$$\begin{aligned} u_1 &= \int u_1' dt = \int \left(\frac{3}{2} te^{t} + 1 \right) dt = \frac{3}{2}(t-1)e^{t} + t + c_1 \\ u_2 &= \int u_2' dt = \int \left(\frac{3}{2} te^{3t} - e^{2t} \right) dt = \frac{1}{2} \left(t - \frac{1}{3} \right) e^{3t} - \frac{1}{2} e^{2t} + c_2 \end{aligned}$$

3단계

$$\begin{aligned} X &= u_1 X_1 + u_2 X_2 \\ &= \frac{3}{2} \begin{pmatrix} 1 \\ 1 \end{pmatrix} (t-1) + \begin{pmatrix} 1 \\ 1 \end{pmatrix} te^{-t} + c_1 \begin{pmatrix} 1 \\ 1 \end{pmatrix} e^{-t} \\ &+ \frac{1}{2} \begin{pmatrix} -1 \\ 1 \end{pmatrix} \left(t - \frac{1}{3} \right) - \frac{1}{2} \begin{pmatrix} -1 \\ 1 \end{pmatrix} e^{-t} + c_2 \begin{pmatrix} -1 \\ 1 \end{pmatrix} e^{-3t} \end{aligned}$$

♣ 확인 문제

다음 미분방정식을 풀어라.

1. $X' = \begin{pmatrix} 3 & -3 \\ 2 & -2 \end{pmatrix} X + \begin{pmatrix} 4 \\ -1 \end{pmatrix}$

2. $X' = \begin{pmatrix} 3 & -1 \\ -1 & 3 \end{pmatrix} X + \begin{pmatrix} 4e^{2t} \\ 4e^{4t} \end{pmatrix}, \quad X(0) = \begin{pmatrix} 1 \\ 1 \end{pmatrix}$

5.2 연습문제

다음 미분방정식을 풀어라.

1. $X' = \begin{pmatrix} 1 & \sqrt{3} \\ \sqrt{3} & -1 \end{pmatrix} X + \begin{pmatrix} e^t \\ \sqrt{3}e^{-t} \end{pmatrix}$

2. $X' = \begin{pmatrix} 2 & 1 \\ -5 & -2 \end{pmatrix} X + \begin{pmatrix} -\cos t \\ \sin t \end{pmatrix}$

3. $X' = \begin{pmatrix} 1 & 4 \\ 1 & -2 \end{pmatrix} X + \begin{pmatrix} e^{-2t} \\ -2e^t \end{pmatrix}$

4. $X' = \begin{pmatrix} -4 & 2 \\ 2 & -1 \end{pmatrix} X + \begin{pmatrix} \frac{1}{t} \\ \frac{2}{t} + 2 \end{pmatrix} \ (t > 0)$

5. $X' = \begin{pmatrix} 2 & 3 \\ -1 & -2 \end{pmatrix} X + \begin{pmatrix} e^t \\ -e^t \end{pmatrix}$

6. $X' = \begin{pmatrix} 1 & 4 \\ 1 & 1 \end{pmatrix} X + \begin{pmatrix} 2e^t \\ -e^t \end{pmatrix}$

7. $X' = \begin{pmatrix} -\frac{5}{4} & \frac{3}{4} \\ \frac{3}{4} & -\frac{5}{4} \end{pmatrix} X + \begin{pmatrix} 4t \\ e^t \end{pmatrix}$

8. $X' = \begin{pmatrix} 2 & 1 \\ -5 & -2 \end{pmatrix} X + \begin{pmatrix} \csc t \\ \sec t \end{pmatrix} \ \left(0 < t < \frac{\pi}{2}\right)$

9. $X' = \begin{pmatrix} 3 & -5 \\ \frac{3}{4} & -1 \end{pmatrix} X + \begin{pmatrix} e^{t/2} \\ -e^{t/2} \end{pmatrix}$

10. $X' = \begin{pmatrix} 0 & 2 \\ -1 & 3 \end{pmatrix} X + \begin{pmatrix} e^t \\ -e^t \end{pmatrix}$

11. $X' = \begin{pmatrix} 1 & 8 \\ 1 & -1 \end{pmatrix} X + \begin{pmatrix} 12t \\ 12t \end{pmatrix}$

12. $X' = \begin{pmatrix} 3 & 2 \\ -2 & -1 \end{pmatrix} X + \begin{pmatrix} 2e^{-t} \\ e^{-t} \end{pmatrix}$

CHAPTER 6

열 방정식

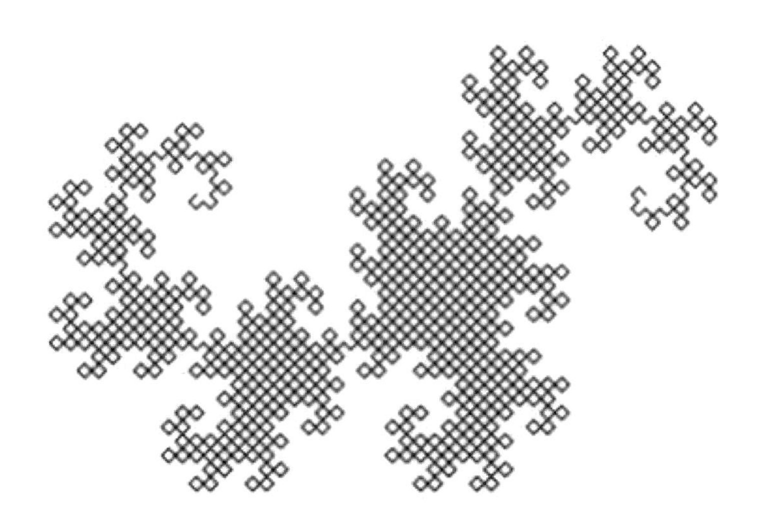

6.1. 푸리에 급수

$$\sum_{n=0}^{\infty}\left(a_n\cos\frac{n\pi x}{L}+b_n\sin\frac{n\pi x}{L}\right)$$

꼴의 급수를 삼각급수라 한다. 테일러 급수가 함수에 대응하는 멱급수라면, 푸리에 급수는 함수에 대응하는 삼각급수이다.

푸리에 급수

주기가 $2L$인 함수 $f(x)$의 푸리에 급수는

$$\frac{a_0}{2}+\sum_{n=1}^{\infty}\left(a_n\cos\frac{n\pi x}{L}+b_n\sin\frac{n\pi x}{L}\right)$$

여기에서

$$a_n=\frac{1}{L}\int_{-L}^{L}f(x)\cos\frac{n\pi x}{L}dx,\qquad b_n=\frac{1}{L}\int_{-L}^{L}f(x)\sin\frac{n\pi x}{L}dx$$

조언 1 $f(x)$가 우함수이거나 기함수이면 대칭성을 써서 계산해야 할 적분의 수를 줄일 수 있다. $f(x)$가 우함수이면 $f(x)\sin\frac{n\pi x}{L}$가 기함수이므로 $b_n=0$이고, $f(x)$가 기함수이면 $f(x)\cos\frac{n\pi x}{L}$가 기함수이므로 $a_n=0$이다. 요컨대, $f(x)$가 우함수이면 그 푸리에 급수는 코사인 항으로만 이루어진 코사인 급수이고, 기함수이면 그 푸리에 급수는 사인 항으로만 이루어진 사인 급수이다.

조언 2 $f(x)$가 다항함수일 때가 많다. 이때에는 $\frac{n\pi x}{L}$를 t로 치환하고 적분하는 방법이 유용하다. 특히, $f(x)$가 이차 이하일 때가 많으므로 다음 공식

$$\begin{aligned}\int x\sin x\,dx &= \sin x-x\cos x\\ \int x\cos x\,dx &= x\sin x+\cos x\\ \int x^2\sin x\,dx &= 2x\sin x-(x^2-2)\cos x\\ \int x^2\cos x\,dx &= (x^2-2)\sin x+2x\cos x\end{aligned}$$

도 기억해 두면 큰 도움이 된다. 단, $n=0$일 때에는 $\frac{n\pi x}{L}$를 t로 치환할 수 없으므로 일반적인 a_n을 계산하기에 앞서 a_0를 먼저 따로 직접 계산해야 한다.

예제 1. 함수

$$f(x) = x \quad (-\pi \leqq x < \pi), \quad f(x+2\pi) = f(x)$$

의 푸리에 급수를 구하라.

풀이 주기가 2π 이므로 $L = \pi$ 이다. 함수 $f(x)$는 기함수이므로 $f(x)\cos nx$는 기함수이고 $f(x)\sin nx$는 우함수이다. 따라서

$$\begin{aligned} a_n &= \frac{1}{\pi}\int_{-\pi}^{\pi} x\cos nx\,dx = 0 \\ b_n &= \frac{1}{\pi}\int_{-\pi}^{\pi} x\sin nx\,dx = \frac{2}{\pi}\int_{0}^{\pi} x\sin nx\,dx \\ &= \frac{2}{n^2\pi}\int_{0}^{n\pi} t\sin t\,dt = \frac{2}{n^2\pi}\Big[\sin t - t\cos t\Big]_0^{n\pi} = \frac{2(-1)^{n+1}}{n} \end{aligned}$$

그러므로 $f(x)$의 푸리에 급수는

$$\sum_{n=1}^{\infty} \frac{2(-1)^{n+1}}{n}\sin nx$$

♣ 확인 문제

다음 함수의 푸리에 급수를 구하라.

1. $f(x) = \begin{cases} -1 & (-\pi \leqq x < 0) \\ 1 & (0 \leqq x < \pi) \end{cases}, \quad f(x+2\pi) = f(x)$

2. $f(x) = |x| \quad (-\pi \leqq x < \pi), \quad f(x+2\pi) = f(x)$

3. $f(x) = x^2 \quad (-1 \leqq x < 1), \quad f(x+2) = f(x)$

4. $f(x) = \pi^2 - x^2 \quad (-\pi \leqq x < \pi), \quad f(x+2\pi) = f(x)$

5. $f(x) = \begin{cases} x-1 & (-\pi \leqq x < 0) \\ x+1 & (0 \leqq x < \pi) \end{cases}, \quad f(x+2\pi) = f(x)$

예제 2. 함수

$$f(x) = \begin{cases} 0 & (-1 \leqq x < 0) \\ \dfrac{x^2}{4} & (0 \leqq x < 1) \end{cases}, \quad f(x+2) = f(x)$$

의 푸리에 급수를 구하라.

풀이 주기가 2이므로 $L = 1$이다. $f(x)$가 우함수도 기함수도 아니므로 a_n, b_n을 모두 직접 계산하는 수밖에 없다.

$$\begin{aligned}
a_0 &= \int_{-1}^{1} f(x)dx = \frac{1}{4}\int_0^1 x^2 dx = \frac{1}{12} \\
a_n &= \int_{-1}^{1} f(x)\cos n\pi x\, dx = \frac{1}{4}\int_0^1 x^2 \cos n\pi x\, dx \\
&= \frac{1}{4n^3\pi^3}\int_0^{n\pi} t^2 \cos t\, dt = \frac{1}{4n^3\pi^3}\Big[(t^2-2)\sin t + 2t\cos t\Big]_0^{n\pi} = \frac{(-1)^n}{2n^2\pi^2} \\
b_n &= \int_{-1}^{1} f(x)\sin n\pi x\, dx = \frac{1}{4}\int_0^1 x^2 \sin n\pi x\, dx \\
&= \frac{1}{4n^3\pi^3}\int_0^{n\pi} t^2 \sin t\, dt = \frac{1}{4n^3\pi^3}\Big[2t\sin t - (t^2-2)\cos t\Big]_0^{n\pi} \\
&= \frac{(2-n^2\pi^2)(-1)^n - 2}{4n^3\pi^3} \ (n \neq 0)
\end{aligned}$$

따라서 $f(x)$의 푸리에 급수는

$$\frac{1}{24} + \sum_{n=1}^{\infty}\left(\frac{(-1)^n}{2n^2\pi^2}\cos n\pi x + \frac{(2-n^2\pi^2)(-1)^n - 2}{4n^3\pi^3}\sin n\pi x\right)$$

♣ 확인 문제

다음 함수의 푸리에 급수를 구하라.

1. $f(x) = \begin{cases} 0 & (-\pi \leqq x < 0) \\ 1 & (0 \leqq x < \pi) \end{cases}, \quad f(x+2\pi) = f(x)$

2. $f(x) = \begin{cases} 1 & (-1 \leqq x < 0) \\ x & (0 \leqq x < 1) \end{cases}, \quad f(x+2) = f(x)$

6.1 연습문제

다음 함수의 푸리에 급수를 구하라.

1. $f(x) = -x \quad (-L \leqq x < L), \quad f(x+2L) = f(x)$

2. $f(x) = \begin{cases} 2 & (-L \leqq x < 0) \\ 0 & (0 \leqq x < L) \end{cases}, \quad f(x+2L) = f(x)$

3. $f(x) = \begin{cases} 3x & (-\pi \leqq x < 0) \\ 0 & (0 \leqq x < \pi) \end{cases}, \quad f(x+2\pi) = f(x)$

4. $f(x) = \begin{cases} x+1 & (-1 \leqq x < 0) \\ 1-x & (0 \leqq x < 1) \end{cases}, \quad f(x+2) = f(x)$

5. $f(x) = \begin{cases} x+L & (-L \leqq x < 0) \\ L & (0 \leqq x < L) \end{cases}, \quad f(x+2L) = f(x)$

6. $f(x) = \begin{cases} 0 & (-2 \leqq x < -1) \\ x & (-1 \leqq x < 1) \\ 0 & (1 \leqq x < 2) \end{cases}, \quad f(x+4) = f(x)$

7. $f(x) = \begin{cases} -2 & (-2 \leqq x < 0) \\ 2 & (0 \leqq x < 2) \end{cases}, \quad f(x+4) = f(x)$

8. $f(x) = 2x \quad (-1 \leqq x < 1), \quad f(x+2) = f(x)$

9. $f(x) = \dfrac{x^2}{4} \quad (-2 \leqq x < 2), \quad f(x+4) = f(x)$

10. $f(x) = \begin{cases} 0 & (-3 \leqq x < 0) \\ x^2(3-x) & (0 \leqq x < 3) \end{cases}, \quad f(x+6) = f(x)$

11. $f(x) = \begin{cases} x+2 & (-2 \leqq x < 0) \\ 2-2x & (0 \leqq x < 2) \end{cases}, \quad f(x+4) = f(x)$

12. $f(x) = \begin{cases} -\dfrac{x}{2} & (-2 \leqq x < 0) \\ 2x - \dfrac{x^2}{2} & (0 \leqq x < 2) \end{cases}, \quad f(x+4) = f(x)$

6.2. 열 방정식

$$\begin{cases} \alpha^2 u_{xx}(x,t) = u_t(x,t) \\ \boxed{\quad \cdots \quad} \\ u(x,0) = f(x) \end{cases}$$

꼴의 미분방정식을 **열 방정식**이라 한다. 열 방정식은 $\boxed{\quad \cdots \quad}$ 자리에 어떤 식이 오는가에 따라 **동차**, **비동차**, 그리고 **단열** 열 방정식의 세 가지로 나뉜다.

동차 열 방정식의 해법

$$\begin{cases} \alpha^2 u_{xx}(x,t) = u_t(x,t) \\ u(0,t) = u(L,t) = 0 \\ u(x,0) = f(x) \end{cases}$$

를 동차 열 방정식이라 한다. 동차 열 방정식의 해는

$$u(x,t) = \sum_{n=1}^{\infty} c_n \exp\left(-\frac{\alpha^2 n^2 \pi^2 t}{L^2}\right) \sin\frac{n\pi x}{L}$$

여기에서 $\exp x$는 e^x를 나타내고

$$c_n = \frac{2}{L}\int_0^L f(x)\sin\frac{n\pi x}{L}dx$$

예제 1. 열 방정식

$$\begin{cases} u_{xx}(x,t) = u_t(x,t) \\ u(0,t) = u(50,t) = 0 \\ u(x,0) = 20 \end{cases}$$

을 풀어라.

풀이 $u(0,t) = u(50,t) = 0$에서 동차 열 방정식임을 알 수 있다. $\alpha = 1$, $L = 50$이므로 $u(x,t) = \sum_{n=1}^{\infty} c_n \exp\left(-\frac{n^2\pi^2 t}{2500}\right)\sin\frac{n\pi x}{50}$, 여기에서 $f(x) = 20$이므로

$$c_n = \frac{2}{50}\int_0^{50} 20\sin\frac{n\pi x}{50}dx = \frac{4}{5}\left[-\frac{50}{n\pi}\cos\frac{n\pi x}{50}\right]_0^{50} = \frac{40}{n\pi}(1-(-1)^n)$$

비동차 열 방정식의 해법

$$\begin{cases} \alpha^2 u_{xx}(x,t) = u_t(x,t) \\ u(0,t) = T_1,\ u(L,t) = T_2 \\ u(x,0) = f(x) \end{cases}$$

를 비동차 열 방정식이라 한다. 비동차 열 방정식의 해는 동차 열 방정식

$$\begin{cases} \alpha^2 w_{xx}(x,t) = w_t(x,t) \\ w(0,t) = w(L,t) = 0 \\ w(x,0) = f(x) - v(x) \end{cases}$$

의 해에 $v(x)$를 더해 주면 된다. 여기에서

$$v(x) = \frac{T_2 - T_1}{L}x + T_1$$

예제 2. 열 방정식

$$\begin{cases} u_{xx}(x,t) = u_t(x,t) \\ u(0,t) = 20,\ u(30,t) = 50 \\ u(x,0) = 60 - 2x \end{cases}$$

를 풀어라.

풀이 $u(0,t) = 20$, $u(30,t) = 50$에서 비동차 열 방정식임을 알 수 있다. $\alpha = 1$, $L = 30$, $v(x) = \dfrac{50-20}{30}x + 20 = x + 20$이므로

$$u(x,t) = \sum_{n=1}^{\infty} c_n \exp\left(-\frac{n^2\pi^2 t}{900}\right)\sin\frac{n\pi x}{30} + (x+20)$$

여기에서 $f(x) - v(x) = (60-2x) - (x+20) = 40 - 3x$이므로

$$\begin{aligned} c_n &= \frac{2}{30}\int_0^{30}(40-3x)\sin\frac{n\pi x}{30}dx = \frac{8}{3}\int_0^{30}\sin\frac{n\pi x}{30}dx - \frac{180}{n^2\pi^2}\int_0^{n\pi} t\sin t\,dt \\ &= \frac{8}{3}\left[-\frac{30}{n\pi}\cos\frac{n\pi x}{30}\right]_0^{30} - \frac{180}{n^2\pi^2}\Big[\sin t - t\cos t\Big]_0^{n\pi} = \frac{80}{n\pi} + \frac{100}{n\pi}(-1)^n \end{aligned}$$

단열 열 방정식의 해법

$$\begin{cases} \alpha^2 u_{xx}(x,t) = u_t(x,t) \\ u_x(0,t) = u_x(L,t) = 0 \\ u(x,0) = f(x) \end{cases}$$

을 단열 열 방정식이라 한다. 단열 열 방정식의 해는

$$u(x,t) = \frac{c_0}{2} + \sum_{n=1}^{\infty} c_n \exp\left(-\frac{\alpha^2 n^2 \pi^2 t}{L^2}\right) \cos\frac{n\pi x}{L}$$

여기에서 $\exp x$는 e^x를 나타내고

$$c_n = \frac{2}{L}\int_0^L f(x)\cos\frac{n\pi x}{L}dx$$

예제 3. 열 방정식

$$\begin{cases} u_{xx}(x,t) = u_t(x,t) \\ u_x(0,t) = u_x(25,t) = 0 \\ u(x,0) = x \end{cases}$$

를 풀어라.

풀이 $u_x(0,t) = u_x(25,t) = 0$에서 단열 열 방정식임을 알 수 있다. $\alpha = 1$, $L = 25$이므로

$$u(x,t) = \frac{c_0}{2} + \sum_{n=1}^{\infty} c_n \exp\left(-\frac{n^2\pi^2 t}{625}\right) \cos\frac{n\pi x}{25}$$

여기에서 $f(x) = x$이므로

$$\begin{aligned} c_0 &= \frac{2}{25}\int_0^{25} x\,dx = \frac{2}{25}\cdot\frac{25^2}{2} = 25 \\ c_n &= \frac{2}{25}\int_0^{25} x\cos\frac{n\pi x}{25}dx = \frac{50}{n^2\pi^2}\int_0^{n\pi} t\cos t\,dt \\ &= \frac{50}{n^2\pi^2}\Big[t\sin t + \cos t\Big]_0^{n\pi} = \frac{50}{n^2\pi^2}((-1)^n - 1) \end{aligned}$$

조언 1 열 방정식의 $u(x,t)$는 열확산율이 α^2이고 길이가 L인 막대에서 시각 t에 위치 x의 온도를 나타낸다. 동차(비동차) 열 방정식은 막대 양 끝의 온도를 모두 0(각각 T_1, T_2)으로 유지시킬 때 $u(x,t)$가 만족하는 방정식이다. 단열 열 방정식은 막대 양 끝을 단열하였을 때 $u(x,t)$가 만족하는 방정식이다. 이를 언급하는 것은 열 방정식에 관한 문제가 문장제 형식으로도 나올 수 있기 때문이다.

조언 2 동차, 비동차, 단열 열 방정식을 가르는 것은 $(0,t)$, (L,t)에서의 조건이다. 비동차 열 방정식은 동차 열 방정식으로 바꾸어 해를 구한 다음, $v(x)$를 더해 주어야 한다는 점을 잊지 말아야 한다. 한편, 동차와 비동차 열 방정식은 해에 사인이 오고 c_n도 $n=1$부터 사인을 적분하여 얻어진다. 반면에 단열 열 방정식은 해에 코사인이 오고 c_n도 $n=0$부터 코사인을 적분하여 얻어진다.

조언 3 c_n을 구하는 공식이 푸리에 급수의 a_n과 b_n을 구하는 공식과 미묘하게 다르다. 푸리에 급수의 a_n과 b_n은 $-L$부터 L까지 적분하고 L로 나누지만, c_n은 0부터 L까지 적분하고 $\frac{L}{2}$로 나눈다. 적분구간이 대칭이 아니므로 c_n을 구할 때에는 푸리에 급수의 a_n과 b_n을 구할 때처럼 $f(x)$가 우함수나 기함수라고 그 값이 바로 0이라고 할 수 없다.

조언 4 c_n을 구할 때에는 푸리에 급수에서와 마찬가지로 $\frac{n\pi x}{L}$를 t로 치환하고 적분하는 방법이 유용하다. 또, 단열 열 방정식에서 $n=0$일 때에는 $\frac{n\pi x}{L}$를 t로 치환할 수 없으므로 일반적인 c_n을 계산하기에 앞서 c_0를 먼저 따로 직접 계산해야 한다는 점도 푸리에 급수에서와 같다.

♣ 확인 문제

다음 열 방정식을 풀어라.

1. $\begin{cases} u_{xx}(x,t) = u_t(x,t) \\ u(0,t) = u(40,t) = 0 \\ u(x,0) = f(x) \end{cases}$, $\quad f(x) = \begin{cases} x & (0 \leqq x < 20) \\ 40 - x & (20 \leqq x < 40) \end{cases}$

2. $\begin{cases} \frac{1}{4}u_{xx}(x,t) = u_t(x,t) \\ u_x(0,t) = u_x(40,t) = 0 \\ u(x,0) = \frac{x(60-x)}{30} \end{cases}$

6.2 연습문제

다음 열 방정식을 풀어라.

1. $$\begin{cases} u_{xx}(x,t) = 4u_t(x,t) \\ u(0,t) = u(2,t) = 0 \\ u(x,0) = 2\sin\dfrac{\pi x}{2} - \sin \pi x + 4\sin 3\pi x \end{cases}$$

2. $$\begin{cases} 100u_{xx}(x,t) = u_t(x,t) \\ u(0,t) = u(1,t) = 0 \\ u(x,0) = \sin 2\pi x - \sin 3\pi x \end{cases}$$

3. $$\begin{cases} u_{xx}(x,t) = u_t(x,t) \\ u(0,t) = u(40,t) = 0 \\ u(x,0) = 30 \end{cases}$$

4. $$\begin{cases} u_{xx}(x,t) = u_t(x,t) \\ u(0,t) = u(40,t) = 0 \\ u(x,0) = x \end{cases}$$

5. $$\begin{cases} 1.14^2u_{xx}(x,t) = u_t(x,t) \\ u(0,t) = 20,\ u(100,t) = 0 \\ u(x,0) = f(x) \end{cases}, \quad f(x) = \begin{cases} \dfrac{8x}{5} & (0 \leqq x < 50) \\ 160 - \dfrac{8x}{5} & (50 \leqq x < 100) \end{cases}$$

6. $$\begin{cases} 0.86^2u_{xx}(x,t) = u_t(x,t) \\ u(0,t) = 0,\ u(20,t) = 60 \\ u(x,0) = 25 \end{cases}$$

7. $$\begin{cases} \alpha^2u_{xx}(x,t) = u_t(x,t) \\ u_x(0,t) = u_x(L,t) = 0 \\ u(x,0) = 2\sin\dfrac{\pi x}{L} \end{cases}$$

8. $$\begin{cases} u_{xx}(x,t) = u_t(x,t) \\ u(0,t) = 30,\ u(30,t) = 0 \\ u(x,0) = \dfrac{x(60-x)}{30} \end{cases}$$

9. $$\begin{cases} u_{xx}(x,t) = u_t(x,t) \\ u_x(0,t) = u_x(30,t) = 0 \\ u(x,0) = f(x) \end{cases}, \quad f(x) = \begin{cases} 20 & (5 < x < 10) \\ 0 & (\text{그 외}) \end{cases}$$

연습문제 정답

1.1. 일계 선형미분방정식

확인 문제(3쪽)

1. $y = ce^{5t}$
2. $y = \frac{1}{4}e^{3t} + ce^{-t}$
3. $y = t^{-1}e^{t} + (2-e)t^{-1}$
4. $(t+1)y = t\ln t - t + 21$

연습문제(4쪽)

1. $y = \frac{t}{4} - \frac{1}{16} + \frac{e^{-2t}}{2} + ce^{-4t}$
2. $y = \frac{t^3e^{4t}}{3} + ce^{4t}$
3. $y = 2 + \frac{t^2e^{-t}}{2} + ce^{-t}$
4. $y = -\cos 2t + \frac{\sin 2t}{2t} + \frac{c}{t}$
5. $y = -2e^{t} + ce^{3t}$
6. $y = -\frac{1}{2}te^{-2t} + ct$
7. $y = \frac{2}{5}\sin 3t - \frac{6}{5}\cos 3t + ce^{-t}$
8. $y = 4t^2 - 16t + 32 + ce^{-t/2}$
9. $y = 5e^{t} + 4(t-1)e^{2t}$
10. $y = \frac{(t^2-1)e^{-3t}}{2}$
11. $y = \frac{\sin t}{t^3}$
12. $y = t^{-2}\left(\frac{\pi^2}{4} - 2 - 2t\cos t + 2\sin t\right)$
13. $y = \frac{3t^4 - 4t^3 + 6t^2 + 19}{12t^2}$
14. $y = -\frac{4}{5}\cos t + \frac{2}{5}\sin t + \left(a + \frac{4}{5}\right)e^{2t}$
15. $y = -2e^{t/4} + (a+2)e^{t/2}$
16. $y = 2te^{-t} + \frac{(ea-2)e^{-t}}{t}$
17. $y = \frac{2e^{t} - 2e + a\sin 1}{\sin t}$
18. $y = -\frac{\cos t}{t^2} + \frac{\pi^2 a}{4t^2}$

1.2. 변수분리형 미분방정식

확인 문제(5쪽)

1. $y = -\frac{1}{5}\cos 5x + c$
2. $y = \frac{1}{3}e^{-3x} + c$
3. $y = \tan\left(4x - \frac{3\pi}{4}\right)$
4. $y = \frac{e^{-(1+1/x)}}{x}$

연습문제(6쪽)

1. $y^2 - 2x^3 = c$
2. $y = \frac{1}{\sin x + c}$ 또는 $y = 0$
3. $\tan 4y - 2x - \sin 2x = c$
   또는 $y = \pm\frac{(2n+1)\pi}{8}$
4. $y^2 - 2\ln|1 + x^3| = c$
5. $2y^2 - 3x^2 + 2(e^y - e^{-x}) = c$
6. $24y + 4y^3 - 3x^4 = c$
7. $y = \sin(\ln|x| + c)$ 또는 $y = \pm 1$
8. $4y + y^2 - x^3 + x = c$
9. $y = \frac{1}{x^2 - x - 12}$
10. $y = -\sqrt{2x - 2x^2 + 1}$
11. $y = \frac{1}{2}\sqrt{4(1-x)e^x - 3}$
12. $y = \frac{3}{1 - 3\ln x}$
13. $y = -\sqrt{\ln(1 + x^2) + 4}$
14. $y = -\frac{1}{2} + \frac{1}{2}\sqrt{4x^2 - 3}$
15. $y = 2 - \sqrt{x^3 - e^x + 2}$
16. $y = \sqrt[3]{\frac{3}{2}\arcsin^2 x + 1}$

1.3. 완전 미분방정식

확인 문제(8쪽)

1. $x^2 - x + \frac{3}{2}y^2 + 7y = c$
2. $\frac{5}{2}x^2 + 4xy - 2y^4 = c$
3. $\frac{1}{3}x^3 + x^2y + xy^2 - y = \frac{4}{3}$
4. $4xy + x^2 - 5x + 3y^2 - y = 8$

확인 문제(9쪽)

1. $x^2y^2 + x^3 = c$
2. $3x^2y^3 + y^4 = c$
3. $-2ye^{3x} + \frac{10}{3}e^{3x} + x = c$
4. $e^{y^2}(x^2+4) = 20$

연습문제(10쪽)

1. $2x^2 + 3x + 3y^2 - y = c$
2. $2x^3 - x^2y + 4x + 2y^3 + 2y = c$
3. $ax^2 + 2bxy + cy^2 = k$
4. $e^x \sin y + 3y \cos x = c$ 또는 $y = 0$
5. $y \ln x + 2x^2 - 3y = c$
6. $x^2y^2 + 4x^3y = c$
7. $e^{2xy} + 3x^2 = c$
8. $2x^2 + 2\ln|y| - y^{-2} = c$ 또는 $y = 0$
9. $e^x \sin y + 3y \cos x = c$
10. $xy^2 - 3(y^2 - 2y + 2)e^y = c$
11. $x^4 + 3xy + \frac{y^4}{2} = c$
12. $y = ce^x + 1 + \frac{1}{2}e^{3x}$
13. $xy - y\sin y - \cos y = c$
14. $e^x \sin y + y^2 = c$
15. $y = \frac{x + \sqrt{52 - 3x^2}}{2}$
16. $y = \frac{x + \sqrt{24x^3 + x^2 - 8x - 8}}{4}$

2.1. 상수계수 이계선형동차방정식

확인 문제(13쪽)

1. $y = c_1 + c_2e^{-t/4}$
2. $y = c_1e^{3t} + c_2e^{-2t}$
3. $y = c_1e^{-4t} + c_2te^{-4t}$
4. $y = c_1\cos 3t + c_2 \sin 3t$
5. $y = -\frac{1}{3}e^{-(t-1)} + \frac{1}{3}e^{5(t-1)}$
6. $y = 0$

연습문제(14쪽)

1. $y = c_1e^t + c_2e^{-4t}$
2. $y = c_1e^{-3t} + c_2e^{-2t}$
3. $y = c_1e^{t/3} + c_2e^{-t/4}$
4. $y = c_1e^{-t} + c_2te^{-t}$
5. $y = c_1e^{-2t/3} + c_2te^{-2t/3}$
6. $y = c_1e^{5t} + c_2te^{5t}$
7. $y = c_1e^{2t}\cos t + c_2e^{2t}\sin t$
8. $y = c_1e^t\cos\sqrt{7}t + c_2e^t\sin\sqrt{7}t$
9. $y = c_1e^{-2t}\cos t + c_2e^{-2t}\sin t$
10. $y = e^t$
11. $y = 4e^{-t} - e^{-3t}$
12. $y = 1 - e^{-3t}$
13. $y = 2e^{2t/3} - \frac{10}{3}te^{2t/3}$
14. $y = 3te^{3t}$
15. $y = 9e^{-2(t+1)} + 7te^{-2(t+1)}$
16. $y = \cos 2t$
17. $y = -2e^{t-\pi/2}\sin 2t$
18. $y = (1+\sqrt{3})\cos t + (-1+\sqrt{3})\sin t$

2.2. 미정계수법

확인 문제(17쪽)

1. $y = c_1e^{-t} + c_2e^{-2t} + 3$
2. $y = c_1e^{5t} + c_2te^{5t} + \frac{6}{5}t + \frac{3}{5}$
3. $y = \sqrt{2}\sin 2t - \frac{1}{2}$
4. $y = -200 + 200e^{-t/5} - 3t^2 + 30t$

확인 문제(18쪽)

1. $y = c_1\cos 2t + c_2\sin 2t - \frac{3}{4}t\cos 2t$
2. $y = c_1\cos t + c_2\sin t - \frac{1}{2}t^2\cos t + \frac{1}{2}t\sin t$
3. $y = c_1e^t\cos 2t + c_2e^t\sin 2t + \frac{1}{4}te^t\sin 2t$

확인 문제(19쪽)

1. $y = c_1 e^{t/2} + c_2 t e^{t/2} + 12 + \frac{1}{2} t^2 e^{t/2}$
2. $y = c_1 e^{-t} + c_2 t e^{-t} - \frac{1}{2}\cos t + \frac{12}{25}\sin 2t - \frac{9}{25}\cos 2t$
3. $y = c_1 e^{-t} + c_2 e^{3t} - e^t + 3$
4. $y = c_1 e^{-t} + c_2 e^t + \frac{1}{6} t^3 e^t - \frac{1}{4} t^2 e^t + \frac{1}{4} t e^t - 5$

연습문제(20쪽)

1. $y = c_1 e^{3t} + c_2 e^{-t} - 2e^{2t}$
2. $y = c_1 e^{-t} + c_2 e^{2t} - \frac{3}{2} + 2t - 2t^2$
3. $y = c_1 e^{2t} + c_2 e^{-3t} + 3e^{3t} - 3e^{-2t}$
4. $y = c_1 e^{3t} + c_2 e^{-t} + \frac{3}{8} t e^{-t} + \frac{3}{4} t^2 e^{-t}$
5. $y = c_1 + c_2 e^{-2t} + \frac{5}{2} t - \frac{1}{2}\sin 2t - \frac{1}{2}\cos 2t$
6. $y = c_1 e^{-t} + c_2 t e^{-t} + 2t^2 e^{-t}$
7. $y = c_1 \cos t + c_2 \sin t - \frac{1}{3} t \cos 2t - \frac{8}{9}\sin 2t$
8. $y = c_1 \cos\omega_0 t + c_2 \sin\omega_0 t + \frac{1}{2\omega_0} t \sin\omega_0 t$
9. $y = c_1 \cos\omega_0 t + c_2 \sin\omega_0 t + \frac{1}{{\omega_0}^2 - \omega^2}\cos\omega t$
10. $y = c_1 e^{-t} + c_2 e^{2t} + \frac{1}{2} t e^{2t} + \frac{3}{8} e^{-2t}$
11. $y = \frac{4}{3} e^t - \frac{5}{6} e^{-2t} - t - \frac{1}{2}$
12. $y = \frac{1}{5}\sin 2t - \frac{19}{40}\cos 2t + \frac{1}{4} t^2 - \frac{1}{8} + \frac{3}{5} e^t$
13. $y = 3te^t - 2e^t + \frac{1}{6} t^3 e^t + 4$
14. $y = -\frac{1}{8}\sin 2t - \frac{3}{4} t \cos 2t$
15. $y = te^{-t}\sin 2t$

2.3. 매개변수 변화법

확인 문제(22쪽)

1. $y = c_1 \cos t + c_2 \sin t + t \sin t + \cos t \ln(\cos t)$
2. $y = c_1 \cos t + c_2 \sin t - \frac{1}{2} t \cos t$
3. $y = \frac{1}{4} e^{-t/2} + \frac{3}{4} e^{t/2} + \frac{1}{8} t^2 e^{t/2} - \frac{1}{4} t e^{t/2}$
4. $y = \frac{4}{9} e^{-4t} + \frac{25}{36} e^{2t} - \frac{1}{4} e^{-2t} + \frac{1}{9} e^{-t}$

연습문제(23쪽)

1. $y = c_1 e^{2t} + c_2 e^{3t} + 2e^t$
2. $y = c_1 e^{-t} + c_2 e^{2t} - \frac{4}{3} t e^{-t}$
3. $y = c_1 e^{t/2} + c_2 t e^{t/2} + t^2 e^{t/2}$
4. $y = c_1 \cos t + c_2 \sin t - 2 \cos t \ln(\tan t + \sec t)$
5. $y = c_1 \cos 2t + c_2 \sin 2t + \frac{3}{4} \sin 2t \ln(\sin 2t) - \frac{3}{2} t \cos 2t$
6. $y = c_1 e^{-2t} + c_2 t e^{-2t} - 2e^{-2t} \ln t$
7. $y = c_1 \cos \frac{t}{2} + c_2 \sin \frac{t}{2} + 4t \sin \frac{t}{2} + 8 \cos \frac{t}{2} \ln \left(\cos \frac{t}{2} \right)$
8. $y = c_1 \cos t + c_2 \sin t + \frac{1}{2} - \frac{1}{6} \cos 2t$
9. $y = c_1 e^t + c_2 e^{-t} + \frac{1}{2} t \sinh t$
10. $y = c_1 e^{2t} + c_2 e^{-2t} + \frac{1}{4} e^{2t} \ln t - \frac{1}{4} e^{-2t} \int_{t_0}^{t} \frac{e^{4s}}{s} ds \ (t_0 > 0)$
11. $y = c_1 e^{-t} + c_2 e^{-2t} + (e^{-t} + e^{-2t}) \ln(1 + e^t)$
12. $y = c_1 e^{-2t} + c_2 e^{-t} - e^{-2t} \sin e^t$
13. $y = c_1 e^{-t} + c_2 t e^{-t} + \frac{1}{2} t^2 e^{-t} \ln t - \frac{3}{4} t^2 e^{-t}$
14. $y = c_1 e^t \sin t + c_2 e^t \cos t + \frac{1}{3} t e^t \sin t + \frac{1}{3} e^t \cos t \ln(\cos t)$

2.4. 오일러 방정식

확인 문제(25쪽)

1. $y = c_1 t^{-1} + c_2 t^2$
2. $y = c_1 + c_2 \ln t$
3. $y = 2 - 2t^{-2}$
4. $y = \cos(\ln t) + 2\sin(\ln t)$

연습문제(26쪽)

1. $y = c_1 \cos(2\ln t) + c_2 \sin(2\ln t)$
2. $y = c_1 t^{-1} + c_2 t^{-3}$
3. $y = c_1 t^6 + c_2 t^{-2}$
4. $y = c_1 t\cos(2\ln t) + c_2 t\sin(2\ln t)$
5. $y = c_1 t^2 + c_2 t^3$
6. $y = c_1 t^{-2} \cos\left(\frac{1}{2}\ln t\right) + c_2 t^{-2} \sin\left(\frac{1}{2}\ln t\right)$
7. $y = c_1 t^3 + c_2 t^3 \ln t$
8. $y = c_1 t^{-3/2} + c_2 t^{-3/2} \ln t$
9. $y = c_1 t^{-2} + c_2 t^{-2} \ln t$
10. $y = c_1 t^{-2} \cos(5\ln t) + c_2 t^{-2} \sin(5\ln t)$
11. $y = c_1 (t+1)^{-1/2} + c_2 (t+1)^{-5/2}$
12. $y = c_1 t^{-1} \cos(3\ln t) + c_2 t^{-1} \sin(3\ln t)$
13. $y = c_1 t^{-3+\sqrt{10}} + c_2 t^{-3-\sqrt{10}}$
14. $y = c_1 t^2 + c_2 t^4$
15. $y = c_1 t^2 + c_2 t^2 \ln t$
16. $y = c_1 (t-1)^{-3} + c_2 (t-1)^{-4}$
17. $y = \frac{6}{5} t^{3/2} - \frac{1}{5} t^{-1}$
18. $y = 2t^{-1/2} \cos(2\ln t)$
19. $y = 2t^2 - 6t^2 \ln(-t)$

3.1. 특이점이 아닌 점에서의 급수해

확인 문제(29쪽)

1. $y_1 = 1 + \frac{1}{3\cdot 2}x^3 + \frac{1}{6\cdot 5\cdot 3\cdot 2}x^6 + \frac{1}{9\cdot 8\cdot 6\cdot 5\cdot 3\cdot 2}x^9 + \cdots$
   $y_2 = x + \frac{1}{4\cdot 3}x^4 + \frac{1}{7\cdot 6\cdot 4\cdot 3}x^7 + \frac{1}{10\cdot 9\cdot 7\cdot 6\cdot 4\cdot 3}x^{10} + \cdots$
2. $y_1 = 1 - \frac{1}{2!}x^2 - \frac{3}{4!}x^4 - \frac{21}{6!}x^6 - \cdots$
   $y_2 = x + \frac{1}{3!}x^3 + \frac{5}{5!}x^5 + \frac{45}{7!}x^7 + \cdots$

확인 문제(30쪽)

1. $y_1 = 1$

   $y_2 = x + \frac{1}{2}x^2 + \frac{1}{3}x^3 + \frac{1}{4}x^4 + \cdots$

2. $y_1 = 1 + \frac{1}{4}x^2 - \frac{7}{4 \cdot 4!}x^4 + \frac{23 \cdot 7}{8 \cdot 6!}x^6 - \cdots$

   $y_2 = x - \frac{1}{6}x^3 + \frac{14}{2 \cdot 5!}x^5 - \frac{34 \cdot 14}{4 \cdot 7!}x^7 - \cdots$

연습문제(31쪽)

1. $y_1 = 1 + \frac{1}{2}(x-1)^2 + \frac{1}{6}(x-1)^3 + \frac{1}{6}(x-1)^4 + \cdots$

   $y_2 = (x-1) + \frac{1}{2}(x-1)^2 + \frac{1}{2}(x-1)^3 + \frac{1}{4}(x-1)^4 + \cdots$

2. $y_1 = 1 + \frac{1}{2}x^2 + \frac{1}{4 \cdot 2}x^4 + \frac{1}{6 \cdot 4 \cdot 2}x^6 + \cdots$

   $y_2 = x + \frac{1}{3}x^3 + \frac{1}{5 \cdot 3}x^5 + \frac{1}{7 \cdot 5 \cdot 3}x^7 + \cdots$

3. $y_1 = 1 + \frac{1}{2!}x^2 + \frac{1}{4!}x^4 + \frac{1}{6!}x^6 + \cdots$

   $y_2 = x + \frac{1}{3!}x^3 + \frac{1}{5!}x^5 + \frac{1}{7!}x^7 + \cdots$

4. $y_1 = 1 - \frac{k^2}{4 \cdot 3}x^4 + \frac{k^4}{8 \cdot 7 \cdot 4 \cdot 3}x^8 - \frac{k^6}{12 \cdot 11 \cdot 8 \cdot 7 \cdot 4 \cdot 3}x^{12} + \cdots$

   $y_2 = x - \frac{k^2}{5 \cdot 4}x^5 + \frac{k^4}{9 \cdot 8 \cdot 5 \cdot 4}x^9 - \frac{k^6}{13 \cdot 12 \cdot 9 \cdot 8 \cdot 5 \cdot 4}x^{13} + \cdots$

5. $y_1 = 1 - \frac{1}{2}x^2 - \frac{1}{6}x^3 - \frac{1}{24}x^4 + \cdots$

   $y_2 = x - \frac{1}{6}x^3 - \frac{1}{12}x^4 - \frac{1}{24}x^5 + \cdots$

6. $y_1 = 1 - x^2 + \frac{1}{6}x^4 - \frac{1}{30}x^6 + \cdots$

   $y_2 = x - \frac{1}{4}x^3 + \frac{7}{160}x^5 - \frac{19}{1920}x^7 + \cdots$

7. $y_1 = 1 - \frac{1}{2}(x-1)^2 + \frac{1}{6}(x-1)^3 - \frac{1}{12}(x-1)^4 + \cdots$

   $y_2 = (x-1) - \frac{1}{2}(x-1)^2 + \frac{1}{6}(x-1)^3 - \frac{1}{6}(x-1)^4 + \cdots$

8. $y_1 = 1 - x^2 + \frac{1}{3 \cdot 1}x^4 - \frac{1}{5 \cdot 3 \cdot 1}x^6 + \cdots$

   $y_2 = x - \frac{1}{2}x^3 + \frac{1}{4 \cdot 2}x^5 - \frac{1}{6 \cdot 4 \cdot 2}x^7 + \cdots$

9. $y_1 = 1 - \frac{1}{4}x^2$
$y_2 = x - \frac{1}{12}x^3 - \frac{1}{240}x^5 - \frac{1}{2240}x^7 - \cdots$

10. $y_1 = 1 - \frac{3}{4}(x-2)^2 + \frac{3}{8}(x-2)^3 + \frac{1}{64}(x-2)^4 + \cdots$
$y_2 = (x-2) - \frac{3}{4}(x-2)^2 + \frac{1}{24}(x-2)^3 + \frac{9}{64}(x-2)^4 + \cdots$

11. $y_1 = 1 - \frac{3}{4}x^2 + \frac{5}{32}x^4 - \frac{7}{384}x^6 + \cdots$
$y_2 = x - \frac{1}{3}x^3 + \frac{1}{20}x^5 - \frac{1}{210}x^7 + \cdots$

12. $y = 3 + x + \frac{3}{2}x^2 + \frac{1}{3}x^3 + \frac{3}{8}x^4 + \cdots$

13. $y = 1 - x - x^2 + \frac{1}{2}x^3 + \frac{1}{3}x^4 + \cdots$

14. $y = -3 + 3x - \frac{3}{2}x^2 - \frac{1}{2}x^3 - \frac{1}{8}x^4 + \cdots$

3.2. 정칙특이점에서의 급수해

확인 문제(34쪽)

1. $y_1 = x^{3/2}\left(1 - \frac{2}{5}x + \frac{2^2}{7\cdot 5\cdot 2!}x^2 - \frac{2^3}{9\cdot 7\cdot 5\cdot 3!}x^3 + \cdots\right)$
$y_2 = 1 + 2x - 2x^2 + \frac{2^3}{3\cdot 3!}x^3 - \cdots$

2. $y_1 = x^{7/8}\left(1 - \frac{2}{15}x + \frac{2^2}{23\cdot 15\cdot 2!}x^2 - \frac{2^3}{31\cdot 23\cdot 15\cdot 3!}x^3 + \cdots\right)$
$y_2 = 1 - 2x + \frac{2^2}{9\cdot 2!}x^2 - \frac{2^3}{17\cdot 9\cdot 3!}x^3 + \cdots$

3. $y_1 = 1 + \frac{1}{3!}x^2 + \frac{1}{5!}x^4 + \frac{1}{7!}x^6 + \cdots$
$y_2 = x^{-1}\left(1 + \frac{1}{2!}x^2 + \frac{1}{4!}x^4 + \frac{1}{6!}x^6 + \cdots\right)$

4. $y_1 = x$
$y_2 = y_1 \ln x - 1 + \frac{1}{2}x^2 + \frac{1}{12}x^3 + \frac{1}{72}x^4 + \cdots$

연습문제(35쪽)

1. $y_1 = x^{3/4}\left(1 - \frac{1}{11\cdot 2}x^2 + \frac{1}{19\cdot 11\cdot 4\cdot 2}x^4 - \frac{1}{27\cdot 19\cdot 11\cdot 6\cdot 4\cdot 2}x^6 + \cdots\right)$
   $y_2 = 1 - \frac{1}{5\cdot 2}x^2 + \frac{1}{13\cdot 5\cdot 4\cdot 2}x^4 - \frac{1}{21\cdot 13\cdot 5\cdot 6\cdot 4\cdot 2}x^6 + \cdots$

2. $y_1 = x^{1/2}\left(1 - \frac{1}{7}x^2 + \frac{1}{11\cdot 7\cdot 2!}x^4 - \cdots\right)$
   $y_2 = x^{-1}\left(1 - x^2 + \frac{1}{5\cdot 2!}x^4 - \cdots\right)$

3. $y_1 = x^{1/3}\left(1 + \frac{1}{3}x + \frac{1}{3^2\cdot 2!}x^2 + \frac{1}{3^3\cdot 3!}x^3 + \cdots\right)$
   $y_2 = 1 + \frac{1}{2}x + \frac{1}{5\cdot 2}x^2 + \frac{1}{8\cdot 5\cdot 2}x^3 + \cdots$

4. $y_1 = x^{5/2}\left(1 + \frac{2\cdot 2}{7}x + \frac{2^2\cdot 3}{9\cdot 7}x^2 + \frac{2^3\cdot 4}{11\cdot 9\cdot 7}x^3 + \cdots\right)$
   $y_2 = 1 + \frac{1}{3}x - \frac{1}{6}x^2 - \frac{1}{6}x^3 - \cdots$

5. $y_1 = x^{2/3}\left(1 - \frac{1}{2}x + \frac{5}{28}x^2 - \frac{1}{21}x^3 + \cdots\right)$
   $y_2 = x^{1/3}\left(1 - \frac{1}{2}x + \frac{1}{5}x^2 - \frac{7}{120}x^3 + \cdots\right)$

6. $y_1 = x - \frac{1}{2}x^2 + \frac{1}{12}x^3 - \frac{1}{144}x^4 + \cdots$
   $y_2 = -y_1 \ln x + 1 - \frac{3}{4}x^2 + \frac{7}{36}x^3 - \frac{35}{1728}x^4 + \cdots$

7. $y_1 = x - \frac{1}{24}x^3 + \frac{1}{720}x^5 + \cdots$
   $y_2 = -\frac{1}{3}y_1 \ln x + x^{-1} - \frac{1}{90}x^3 + \cdots$

8. $y_1 = 1 + x + \frac{1}{4}x^2 + \frac{1}{36}x^3 + \cdots$
   $y_2 = y_1 \ln x - 2x - \frac{3}{4}x^2 - \frac{11}{108}x^3 + \cdots$

9. $y_1 = x + \frac{3}{2}x^2 + \frac{9}{4}x^3 + \frac{51}{16}x^4 + \cdots$
   $y_2 = 3y_1 \ln x + 1 - \frac{21}{4}x^2 - \frac{19}{4}x^3 + \cdots$

10. $y_1 = 1 + x + \frac{1}{2!}x^2 + \frac{1}{3!}x^3 + \cdots$
    $y_2 = y_1 \ln x + y_1\left(-x + \frac{1}{4}x^2 - \frac{1}{3\cdot 3!}x^3 + \frac{1}{4\cdot 4!}x^4 - \cdots\right)$

[11∼14] $H_n = 1 + \frac{1}{2} + \frac{1}{3} + \cdots + \frac{1}{n}$ 이다.

11. $y_1 = \sum_{n=0}^{\infty} \frac{(-2)^n}{(n!)^2} x^n$

$y_2 = y_1 \ln x + 2 \sum_{n=1}^{\infty} \frac{(-2)^n H_n}{(n!)^2} x^n$

12. $y_1 = \frac{1}{x} \sum_{n=0}^{\infty} \frac{(-1)^n}{n!(n+1)!} x^n$

$y_2 = -y_1 \ln x + \frac{1}{x^2} \left(1 - \sum_{n=1}^{\infty} \frac{(-1)^n (H_n + H_{n-1})}{n!(n+1)!} x^n \right)$

13. $y_1 = \frac{1}{x} \sum_{n=0}^{\infty} \frac{(-1)^n}{(n!)^2} x^n$

$y_2 = y_1 \ln x - \frac{2}{x} \sum_{n=1}^{\infty} \frac{(-1)^n H_n}{(n!)^2} x^n$

14. $y_1 = x^{3/2} \left(1 + \sum_{n=1}^{\infty} \frac{(-1)^n}{(n+\frac{3}{2}) \cdots (2+\frac{3}{2})(1+\frac{3}{2}) \cdot n!} \left(\frac{x}{2}\right)^{2n} \right)$

$y_2 = x^{-3/2} \left(1 + \sum_{n=1}^{\infty} \frac{(-1)^n}{(n-\frac{3}{2}) \cdots (2-\frac{3}{2})(1-\frac{3}{2}) \cdot n!} \left(\frac{x}{2}\right)^{2n} \right)$

4.1. 라플라스 변환

확인 문제(40쪽)

1. $\mathcal{L}\{f(t)\} = \frac{6}{s^4} + \frac{6}{s^3} + \frac{3}{s^2} + \frac{1}{s}$

2. $\mathcal{L}\{f(t)\} = \frac{1}{s} + \frac{1}{s-4}$

3. $\mathcal{L}\{f(t)\} = \frac{1}{s} + \frac{2}{s-2} + \frac{1}{s-4}$

4. $\mathcal{L}\{f(t)\} = \frac{8}{s^3} - \frac{15}{s^2+9}$

5. $\mathcal{L}\{f(t)\} = \frac{2}{s} e^{-s} - \frac{1}{s}$

6. $\mathcal{L}\{f(t)\} = \frac{1}{s^2} - \frac{1}{s^2} e^{-s}$

연습문제(41쪽)

1. $\mathcal{L}\{f(t)\} = \dfrac{1}{s^2}$
2. $\mathcal{L}\{f(t)\} = \dfrac{2}{s^3}$
3. $\mathcal{L}\{f(t)\} = \dfrac{n!}{s^{n+1}}$
4. $\mathcal{L}\{f(t)\} = \dfrac{s-a}{(s-a)^2-b^2}$
5. $\mathcal{L}\{f(t)\} = \dfrac{b}{(s-a)^2-b^2}$
6. $\mathcal{L}\{f(t)\} = \dfrac{s}{s^2+b^2}$
7. $\mathcal{L}\{f(t)\} = \dfrac{b}{s^2+b^2}$
8. $\mathcal{L}\{f(t)\} = \dfrac{s-a}{(s-a)^2+b^2}$
9. $\mathcal{L}\{f(t)\} = \dfrac{b}{(s-a)^2+b^2}$
10. $\mathcal{L}\{f(t)\} = \dfrac{n!}{(s-a)^{n+1}}$
11. $\mathcal{L}\{f(t)\} = \dfrac{s^2-a^2}{(s^2+a^2)^2}$
12. $\mathcal{L}\{f(t)\} = \dfrac{2s(s^2-3a^2)}{(s^2+a^2)^3}$
13. $\mathcal{L}\{f(t)\} = \dfrac{2s(3a^2+s^2)}{(s^2-a^2)^3}$
14. $\mathcal{L}\{f(t)\} = \dfrac{1-e^{-2\pi s}}{s}$
15. $\mathcal{L}\{f(t)\} = \dfrac{1-(3s+1)e^{-3s}}{s^2}$
16. $\mathcal{L}\{f(t)\} = \dfrac{1-e^{-3s}-2se^{-3s}}{s^2}$

4.2. 초기값 문제의 해법

확인 문제(43쪽)

1. $y = \dfrac{1}{9}t + \dfrac{2}{27} - \dfrac{2}{27}e^{3t} + \dfrac{10}{9}te^{3t}$
2. $y = \dfrac{1}{2} - \dfrac{1}{2}e^t \cos t + \dfrac{1}{2}e^t \sin t$

확인 문제(44쪽)

1. $y = \cos 2t - \dfrac{1}{6}u_{2\pi}(t)\sin 2(t-2\pi) + \dfrac{1}{3}u_{2\pi}(t)\sin(t-2\pi)$
2. $y = \sin t + u_{\pi}(t)(1-\cos(t-\pi)) - u_{2\pi}(t)(1-\cos(t-2\pi))$

연습문제(45쪽)

1. $y = \frac{3}{5}e^{3t} + \frac{7}{5}e^{-2t}$
2. $y = 4e^{-t} - 3e^{-2t}$
3. $y = e^t \cos t$
4. $y = e^{2t} + te^{2t}$
5. $y = 3e^t \cos\sqrt{3}t - \sqrt{3}e^t \sin\sqrt{3}t$
6. $y = \frac{1}{5}(\cos t - 2\sin t + 4e^t \cos t + 3e^t \sin t)$
7. $y = 2e^{-t} + te^{-t} + 2t^2e^{-t}$
8. $y = 2\sin t + \frac{1}{2}(t - \sin t) - \frac{1}{2}u_6(t)((t-6) - \sin(t-6))$
9. $y = \cos 2t + \frac{1}{3}\left(\sin t - \frac{1}{2}\sin 2t\right) + \frac{1}{3}u_\pi(t)\left(\sin(t-\pi) - \frac{1}{2}\sin 2(t-\pi)\right)$
10. $y = 2e^{-t} - e^{-2t} + \frac{1}{2}(1 - 2e^{-t} + e^{-2t}) - \frac{1}{2}u_{10}(t)(1 - 2e^{-(t-10)} + e^{-2(t-10)})$
11. $y = e^{-t/2}\sin t + h(t) - u_{\pi/2}(t)h\left(t - \frac{\pi}{2}\right)$
    $h(t) = \frac{4}{25}(-4 + 5t + 4e^{-t/2}\cos t - 3e^{-t/2}\sin t)$
12. $y = \frac{1}{2}e^{-t/2}(\sin t + 2\cos t) + h(t) + u_\pi(t)h(t-\pi)$
    $h(t) = \frac{8}{17}e^{-t/4}\left(\sin t \cosh\frac{t}{4} - 4\cos t \sinh\frac{t}{4}\right)$
13. $y = 2\cos t + u_{3\pi}(t)(1 - \cos(t - 3\pi))$

5.1. 선형동차미분방정식계

확인 문제(49쪽)

1. $X = c_1\begin{pmatrix}1\\2\end{pmatrix}e^{5t} + c_2\begin{pmatrix}-1\\1\end{pmatrix}e^{-t}$
2. $X = 3\begin{pmatrix}1\\1\end{pmatrix}e^{t/2} + 2\begin{pmatrix}0\\1\end{pmatrix}e^{-t/2}$

확인 문제(50쪽)

1. $X = c_1 \begin{pmatrix} 1 \\ 3 \end{pmatrix} + c_2 \left[\begin{pmatrix} 1 \\ 3 \end{pmatrix} t + \begin{pmatrix} \frac{1}{3} \\ 0 \end{pmatrix} \right]$

2. $X = \begin{pmatrix} 26t - 1 \\ 13t + 6 \end{pmatrix} e^{4t}$

확인 문제(51쪽)

1. $X = c_1 \begin{pmatrix} 2\cos t - \sin t \\ 5\cos t \end{pmatrix} e^{4t} + c_2 \begin{pmatrix} \cos t + 2\sin t \\ 5\sin t \end{pmatrix} e^{4t}$

2. $X = c_1 \begin{pmatrix} \cos t + \sin t \\ 2\cos t \end{pmatrix} e^{4t} + c_2 \begin{pmatrix} -\cos t - \sin t \\ 2\sin t \end{pmatrix} e^{4t}$

연습문제(52쪽)

1. $X = c_1 \begin{pmatrix} -1 \\ 2 \end{pmatrix} e^{-t} + c_2 \begin{pmatrix} -2 \\ 1 \end{pmatrix} e^{2t}$

2. $X = c_1 \begin{pmatrix} -3 \\ 2 \end{pmatrix} e^{-t} + c_2 \begin{pmatrix} -1 \\ 1 \end{pmatrix} e^{-2t}$

3. $X = c_1 \begin{pmatrix} -2 \\ 1 \end{pmatrix} + c_2 \left[\begin{pmatrix} -2 \\ 1 \end{pmatrix} t + \begin{pmatrix} -\frac{1}{2} \\ 0 \end{pmatrix} \right]$

4. $X = c_1 \begin{pmatrix} -1 \\ 2 \end{pmatrix} e^{t} + c_2 \left[\begin{pmatrix} -1 \\ 2 \end{pmatrix} te^{t} + \begin{pmatrix} -\frac{1}{2} \\ 0 \end{pmatrix} e^{t} \right]$

5. $X = c_1 \begin{pmatrix} \sin 2t \\ 2\cos 2t \end{pmatrix} e^{-t} + c_2 \begin{pmatrix} -\cos 2t \\ 2\sin 2t \end{pmatrix} e^{-t}$

6. $X = c_1 \begin{pmatrix} -3\cos\frac{3t}{2} + 3\sin\frac{3t}{2} \\ 5\cos\frac{3t}{2} \end{pmatrix} e^{t/2} + c_2 \begin{pmatrix} -3\sin\frac{3t}{2} - 3\cos\frac{3t}{2} \\ 5\sin\frac{3t}{2} \end{pmatrix} e^{t/2}$

7. $X = \frac{7}{4} \begin{pmatrix} 1 \\ 1 \end{pmatrix} e^{-t} + \frac{1}{4} \begin{pmatrix} 1 \\ 5 \end{pmatrix} e^{3t}$

8. $X = -2 \begin{pmatrix} 1 \\ 3 \end{pmatrix} e^{2t} + 5 \begin{pmatrix} 1 \\ 1 \end{pmatrix} e^{4t}$

9. $X = \begin{pmatrix} 2 + 2t \\ 4 + 6t \end{pmatrix}$

10. $X = \begin{pmatrix} 3 - 9t \\ -3 - 9t \end{pmatrix} e^{-t}$

11. $X = \begin{pmatrix} \cos t + 3\sin t \\ 2\cos t + \sin t \end{pmatrix} e^{-2t}$

12. $X = \begin{pmatrix} 2\cos t - \sin t \\ \cos t \end{pmatrix} e^{-t}$

5.2. 선형비동차미분방정식계

확인 문제(54쪽)

1. $X = c_1 \begin{pmatrix} 1 \\ 1 \end{pmatrix} + c_2 \begin{pmatrix} 3 \\ 2 \end{pmatrix} e^t - \begin{pmatrix} 11 \\ 11 \end{pmatrix} t - \begin{pmatrix} 15 \\ 10 \end{pmatrix}$

2. $X = \begin{pmatrix} 2 \\ 2 \end{pmatrix} te^{2t} + \begin{pmatrix} -1 \\ 1 \end{pmatrix} e^{2t} + \begin{pmatrix} -2 \\ 2 \end{pmatrix} te^{4t} + \begin{pmatrix} 2 \\ 0 \end{pmatrix} e^{4t}$

연습문제(55쪽)

1. $X = c_1 \begin{pmatrix} \sqrt{3} \\ 1 \end{pmatrix} e^{2t} + c_2 \begin{pmatrix} -1 \\ \sqrt{3} \end{pmatrix} e^{-2t} - \begin{pmatrix} \frac{2}{3} \\ \frac{1}{\sqrt{3}} \end{pmatrix} e^t + \begin{pmatrix} -1 \\ \frac{2}{\sqrt{3}} \end{pmatrix} e^{-t}$

2. $X = c_1 \begin{pmatrix} -2\cos t + \sin t \\ 5\cos t \end{pmatrix} + c_2 \begin{pmatrix} -2\sin t - \cos t \\ 5\sin t \end{pmatrix} + \begin{pmatrix} -1 \\ 1 \end{pmatrix} t\cos t + \begin{pmatrix} -1 \\ 3 \end{pmatrix} t\sin t$
$+ \begin{pmatrix} -\frac{1}{2} \\ 2 \end{pmatrix} \cos t + \begin{pmatrix} 1 \\ -\frac{5}{2} \end{pmatrix} \sin t$

3. $X = c_1 \begin{pmatrix} -1 \\ 1 \end{pmatrix} e^{-3t} + c_2 \begin{pmatrix} 4 \\ 1 \end{pmatrix} e^{2t} + \begin{pmatrix} 2 \\ 0 \end{pmatrix} e^t + \begin{pmatrix} 0 \\ -\frac{1}{4} \end{pmatrix} e^{-2t}$

4. $X = c_1 \begin{pmatrix} 1 \\ 2 \end{pmatrix} + c_2 \begin{pmatrix} -2 \\ 1 \end{pmatrix} e^{-5t} + \begin{pmatrix} 1 \\ 2 \end{pmatrix} \ln t + \begin{pmatrix} \frac{4}{5} \\ \frac{8}{5} \end{pmatrix} t + \begin{pmatrix} -\frac{4}{25} \\ \frac{2}{25} \end{pmatrix}$

5. $X = c_1 \begin{pmatrix} -1 \\ 1 \end{pmatrix} e^{-t} + c_2 \begin{pmatrix} -3 \\ 1 \end{pmatrix} e^t + \begin{pmatrix} \frac{1}{2} \\ -\frac{1}{2} \end{pmatrix} e^t$

6. $X = c_1 \begin{pmatrix} 2 \\ 1 \end{pmatrix} e^{3t} + c_2 \begin{pmatrix} -2 \\ 1 \end{pmatrix} e^{-t} + \begin{pmatrix} 1 \\ -\frac{1}{2} \end{pmatrix} e^t$

7. $X = c_1 \begin{pmatrix} -1 \\ 1 \end{pmatrix} e^{-2t} + c_2 \begin{pmatrix} 1 \\ 1 \end{pmatrix} e^{-t/2} + \begin{pmatrix} \frac{1}{6} \\ \frac{1}{2} \end{pmatrix} e^t + \begin{pmatrix} 5 \\ 3 \end{pmatrix} t - \begin{pmatrix} \frac{17}{2} \\ \frac{15}{2} \end{pmatrix}$

8. $X = c_1 \begin{pmatrix} -2\cos t + \sin t \\ 5\cos t \end{pmatrix} + c_2 \begin{pmatrix} -\cos t - 2\sin t \\ 5\sin t \end{pmatrix} + \begin{pmatrix} -2 \\ 6 \end{pmatrix} t\cos t + \begin{pmatrix} 2 \\ -2 \end{pmatrix} t\sin t +$
$\begin{pmatrix} 1 \\ -2 \end{pmatrix} \cos t \ln(\cos t) + \begin{pmatrix} 1 \\ 0 \end{pmatrix} \cos t \ln(\sin t) - \begin{pmatrix} 0 \\ 1 \end{pmatrix} \sin t \ln(\cos t) + \begin{pmatrix} 2 \\ -5 \end{pmatrix} \sin t \ln(\sin t)$

9. $X = c_1 \begin{pmatrix} 2 \\ 1 \end{pmatrix} e^{t/2} + c_2 \begin{pmatrix} 10 \\ 3 \end{pmatrix} e^{3t/2} - \begin{pmatrix} \frac{13}{2} \\ \frac{13}{4} \end{pmatrix} te^{t/2} - \begin{pmatrix} \frac{15}{2} \\ \frac{9}{4} \end{pmatrix} e^{t/2}$

10. $X = c_1 \begin{pmatrix} 2 \\ 1 \end{pmatrix} e^{t} + c_2 \begin{pmatrix} 1 \\ 1 \end{pmatrix} e^{2t} + \begin{pmatrix} 3 \\ 3 \end{pmatrix} e^{t} + \begin{pmatrix} 4 \\ 2 \end{pmatrix} te^{t}$

11. $X = c_1 \begin{pmatrix} 4 \\ 1 \end{pmatrix} e^{3t} + c_2 \begin{pmatrix} -2 \\ 1 \end{pmatrix} e^{-3t} + \begin{pmatrix} -12 \\ 0 \end{pmatrix} t - \begin{pmatrix} \frac{4}{3} \\ \frac{4}{3} \end{pmatrix}$

12. $X = c_1 \begin{pmatrix} 1 \\ -1 \end{pmatrix} e^{t} + c_2 \begin{pmatrix} t \\ \frac{1}{2} - t \end{pmatrix} e^{t} + \begin{pmatrix} \frac{1}{2} \\ -2 \end{pmatrix} e^{-t}$

6.1. 푸리에 급수

확인 문제(59쪽)

1. $\dfrac{2}{\pi} \sum_{n=1}^{\infty} \dfrac{1-(-1)^n}{n} \sin nx$

2. $\dfrac{\pi}{2} + \dfrac{2}{\pi} \sum_{n=1}^{\infty} \dfrac{(-1)^n - 1}{n^2} \cos nx$

3. $\dfrac{1}{3} + \dfrac{4}{\pi^2} \sum_{n=1}^{\infty} \dfrac{(-1)^n}{n^2} \cos n\pi x$

4. $\dfrac{2\pi^2}{3} + 4 \sum_{n=1}^{\infty} \dfrac{(-1)^{n+1}}{n^2} \cos nx$

5. $\dfrac{2}{\pi} \sum_{n=1}^{\infty} \dfrac{1-(-1)^n(1+\pi)}{n} \sin nx$

확인 문제(60쪽)

1. $\dfrac{1}{2} + \dfrac{1}{\pi} \sum_{n=1}^{\infty} \dfrac{1-(-1)^n}{n} \sin nx$

2. $\dfrac{3}{4} + \sum_{n=1}^{\infty} \left(\dfrac{(-1)^n - 1}{n^2\pi^2} \cos n\pi x - \dfrac{1}{n\pi} \sin n\pi x \right)$

연습문제(61쪽)

1. $\dfrac{2L}{\pi} \sum_{n=1}^{\infty} \dfrac{(-1)^n}{n} \sin \dfrac{n\pi x}{L}$

2. $1 - \dfrac{4}{\pi} \sum_{n=1}^{\infty} \dfrac{1}{2n-1} \sin \dfrac{(2n-1)\pi x}{L}$

3. $-\dfrac{3\pi}{4}+3\sum_{n=1}^{\infty}\left(\dfrac{1-(-1)^n}{n^2\pi}\cos nx+\dfrac{(-1)^{n+1}}{n}\sin nx\right)$

4. $\dfrac{1}{2}+\dfrac{2}{\pi^2}\sum_{n=1}^{\infty}\dfrac{1-(-1)^n}{n^2}\cos n\pi x$

5. $\dfrac{3L}{4}+L\sum_{n=1}^{\infty}\left(\dfrac{1-(-1)^n}{n^2\pi^2}\cos\dfrac{n\pi x}{L}+\dfrac{(-1)^{n+1}}{n\pi}\sin\dfrac{n\pi x}{L}\right)$

6. $\sum_{n=1}^{\infty}\left(-\dfrac{2}{n\pi}\cos\dfrac{n\pi}{2}+\dfrac{4}{n^2\pi^2}\sin\dfrac{n\pi}{2}\right)\sin\dfrac{n\pi x}{2}$

7. $\dfrac{4}{\pi}\sum_{n=1}^{\infty}\dfrac{1-(-1)^n}{n}\sin\dfrac{n\pi x}{2}$

8. $\dfrac{4}{\pi}\sum_{n=1}^{\infty}\dfrac{(-1)^{n+1}}{n}\sin n\pi x$

9. $\dfrac{1}{3}+\dfrac{4}{\pi^2}\sum_{n=1}^{\infty}\dfrac{(-1)^n}{n^2}\cos\dfrac{n\pi x}{2}$

10. $\dfrac{9}{8}+\sum_{n=1}^{\infty}\left(\left(\dfrac{162((-1)^n-1)}{n^4\pi^4}-\dfrac{27(-1)^n}{n^2\pi^2}\right)\cos\dfrac{n\pi x}{3}-\dfrac{108(-1)^n+54}{n^3\pi^3}\sin\dfrac{n\pi x}{3}\right)$

11. $\dfrac{1}{2}+\sum_{n=1}^{\infty}\left(\dfrac{6(1-(-1)^n)}{n^2\pi^2}\cos\dfrac{n\pi x}{2}+\dfrac{2(-1)^n}{n\pi}\sin\dfrac{n\pi x}{2}\right)$

12. $\dfrac{11}{12}+\dfrac{1}{\pi^2}\sum_{n=1}^{\infty}\left(\dfrac{(-1)^n-5}{n^2}\cos\dfrac{n\pi x}{2}+\left(\dfrac{4(1-(-1)^n)}{n^3\pi^3}-\dfrac{(-1)^n}{n\pi}\right)\sin\dfrac{n\pi x}{2}\right)$

6.2. 열 방정식

확인 문제(65쪽)

1. $u(x,t)=\dfrac{160}{\pi^2}\sum_{n=1}^{\infty}\dfrac{\sin\frac{n\pi}{2}}{n^2}\exp\left(-\dfrac{n^2\pi^2 t}{1600}\right)\sin\dfrac{n\pi x}{40}$

2. $u(x,t)=\dfrac{200}{9}-\dfrac{160}{3\pi^2}\sum_{n=1}^{\infty}\dfrac{3+(-1)^n}{n^2}\exp\left(-\dfrac{n^2\pi^2 t}{6400}\right)\cos\dfrac{n\pi x}{40}$

연습문제(66쪽)

1. $u(x,t) = 2\exp\left(-\frac{\pi^2 t}{16}\right)\sin\frac{\pi x}{2} - \exp\left(-\frac{\pi^2 t}{4}\right)\sin\pi x + 4\exp\left(-\frac{9\pi^2 t}{4}\right)\sin 3\pi x$

2. $u(x,t) = \exp(-400\pi^2 t)\sin 2\pi x - \exp(-900\pi^2 t)\sin 3\pi x$

3. $u(x,t) = \frac{60}{\pi}\sum_{n=1}^{\infty}\frac{1-(-1)^n}{n}\exp\left(-\frac{n^2\pi^2 t}{1600}\right)\sin\frac{n\pi x}{40}$

4. $u(x,t) = \frac{80}{\pi}\sum_{n=1}^{\infty}\frac{(-1)^{n+1}}{n}\exp\left(-\frac{n^2\pi^2 t}{1600}\right)\sin\frac{n\pi x}{40}$

5. $u(x,t) = 20 - \frac{x}{5} + \sum_{n=1}^{\infty}\left(\frac{640}{n^2\pi^2}\sin\frac{n\pi}{2} - \frac{40}{n\pi}\right)\exp\left(-\frac{1.14^2 n^2\pi^2 t}{10000}\right)\sin\frac{n\pi x}{100}$

6. $u(x,t) = 3x + \sum_{n=1}^{\infty}\frac{70(-1)^n + 50}{n\pi}\exp\left(-\frac{0.86^2 n^2\pi^2 t}{400}\right)\sin\frac{n\pi x}{20}$

7. $u(x,t) = \frac{4}{\pi} - \sum_{n=1}^{\infty}\frac{4(1+(-1)^n)}{(n^2-1)\pi}\exp\left(-\frac{\alpha^2 n^2\pi^2 t}{L^2}\right)\cos\frac{n\pi x}{L}$

8. $u(x,t) = 30 - x + \sum_{n=1}^{\infty}c_n\exp\left(-\frac{n^2\pi^2 t}{900}\right)\sin\frac{n\pi x}{30}$

   $c_n = \frac{120}{n^3\pi^3}(1-\cos n\pi) - \frac{60}{n\pi}(1+2\cos n\pi)$

9. $u(x,t) = \frac{10}{3} + \sum_{n=1}^{\infty}\frac{40}{n\pi}\left(\sin\frac{n\pi}{3} - \sin\frac{n\pi}{6}\right)\exp\left(-\frac{n^2\pi^2 t}{900}\right)\cos\frac{n\pi x}{30}$

지은이

김경률

서울대학교 경제학과

bir1104@snu.ac.kr

6일 만에 끝내는 미분방정식

초판 1쇄 발행 2019년 3월 30일
초판 3쇄 발행 2022년 3월 30일

지은이 김경률
펴낸곳 도서출판 계승
펴낸이 임지윤

출판등록 제2016-000036호

주소 13600 경기도 성남시 분당구 백현로 227
대표전화 031-714-0783

제작처 서울대학교출판문화원
주소 08826 서울특별시 관악구 관악로 1
전화 02-880-5220

ISBN 979-11-958071-5-4 93410

이 도서의 국립중앙도서관 출판예정도서목록(CIP)은 서지정보유통지원시스템 홈페이지(http://seoji.nl.go.kr)와 국가자료종합목록시스템(http://www.nl.go.kr/kolisnet)에서 이용하실 수 있습니다.
(CIP제어번호 : CIP2019012113)